RALF-WIGAND USBECK

HÜHNER HALTEN

GANZ EINFACH

Alles über Auswahl,
Ställe, Haltung & Pflege

KOSMOS

INHALT

Zu diesem Buch

Das Huhn gehört zu den ältesten Haustieren weltweit. Bereits vor über 8000 Jahren fand das Wildhuhn den Weg zu den Menschen und wurde zu einem treuen Lieferant für Eier, Fleisch, Federn und Dünger. Schade, dass diese Symbiose verloren ging, denn leider gibt es heutzutage kaum noch Bauernhöfe mit Hühnerhaltung. Stattdessen fristen Hühner ihr meist kurzes Leben in der industriellen Massentierhaltung. Erst seit wenigen Jahren zeichnet sich ein neuer Trend ab, Hühner im eigenen Garten zu halten. Gerade junge Familien mit Kindern entdecken die beinah in Vergessenheit geratene Hühnerhaltung für sich neu. Die Sehnsucht nach dem Leben auf dem Land und nicht zuletzt die Selbstversorgung mit Eiern machen das Huhn zu einem faszinierenden und zugleich nützlichen Haustier für die ganze Familie.

VON WEGEN DUMMES HUHN

Hühner sind schlau, empathisch, sozial, neugierig und dabei noch hübsch anzuschauen. Sie können aber auch ängstlich, scheu, zurückhaltend, streitsüchtig oder dominant sein. Jedes Huhn hat eben seinen eigenen Charakter und schnell wird klar, dass es das sprichwörtliche dumme Huhn gar nicht gibt. Außerdem strahlen sie eine Ruhe aus, vergleichbar mit ins Kaminfeuer oder ins Aquarium schauen.
Bei einem Ehepaar, die meine Hühner gemietet hatten, baute ich das Gehege der Miethühner zufällig unter dem Schlafzimmerfenster auf. Später erzählten sie mir, wie schön sie es fanden, morgens nach dem Aufwachen noch eine Weile liegen zu bleiben, um dem ruhigen Gurren und Glucksen der Hühner zu lauschen. Einen entspannteren Start in den Tag könne man sich kaum vorstellen.

KLEINE DINOS

Und, ja es stimmt, Hühner stammen vom Dinosaurier ab. Genau genommen sind sie enge Nachfahren vom Tyrannosaurus Rex. 2003 wurden fossile Überreste eines T-Rex in einem

völlig unwegsamen Gebiet in den USA gefunden. Die Knochen sollten deshalb mit einem Hubschrauber abtransportiert werden. Da der Oberschenkelknochen aber zu schwer für den Lufttransport war, wurde er zersägt. Dabei entdeckte man im Inneren des Knochens Reste von Blutgefäßen, die nicht versteinert waren. Bei den darauffolgenden DNA-Untersuchungen wurde die Verwandtschaft mit Vögeln, insbesondere mit Straußen und Hühnern festgestellt. Besonders erkennt man dies an den mit Schuppen besetzten Ständern und eidechsenähnlichen Füßen und Krallen. Auch der Laufstil erinnert stark an den der Dinosaurier. Immer wenn mir meine Hühner im Außengehege entgegengelaufen kommen, erkenne ich in ihnen die kleinen Dinos – nur eben mit Federn.

Mit diesem Buch möchte ich Ihnen als zukünftige Hobby-Hühnerhalter praktische Tipps an die Hand geben, damit Sie Ihren Hühnern im eigenen Garten einen artgerechten Lebensraum bieten können. Gut vorbereitet können Sie sich, liebe Leser, unbeschwert auf Ihr neues Hobby freuen und wissen, was Sie nach dem Einzug Ihrer Hühner bei der Hege und Pflege der neuen Mitbewohner zu beachten haben.

Viel Spaß mit dem Federvieh wünscht Ihnen Ihr
Ralf-Wigand Usbeck

Hühner im eigenen Garten – eine Freude für die ganze Familie.

»Hühner vereinen die Eigenschaften eines Nutztieres mit jenen eines handzahmen Haustieres, das macht wohl den besonderen Reiz aus.«

Ralf-Wigand Usbeck

STALL UND AUSLAUF

Überlegungen vorab

Bevor die Hühner einziehen, stehen einige Vorüberlegungen an. Manches, wie Stallbau, liegt auf der Hand, doch dass man seine Hühner auch beim Veterinäramt anmelden muss, weiß nicht jeder.

Selbstverständlich gehören Hühner in den Garten und nicht auf den Balkon oder gar in den Keller. Wer ausreichend Platz im Garten für ein Hühnergehege übrig hat, kann den Tieren dort einen ganzjährigen Lebensraum bieten.

MINDESTENS ZU ZWEIT

Das Tierschutzgesetz schreibt eine artgerechte Haltung vor, was unter anderem bedeutet, dass Hühner nicht einzeln gehalten werden dürfen. Als Herdentier sollten es mindestens zwei Hühner sein. Andererseits darf die Bestandsdichte nicht zu hoch sein, um Krankheiten und Verhaltensstörungen vorzubeugen. Ich persönlich finde fünf Hühner für eine Haltung im heimischen Garten als eine optimale Gruppengröße.

GESETZLICHE PFLICHTEN

Wer Hühner halten will, hat seine Tierhaltung gemäß Viehverkehrsverordnung bei der zuständigen

CHECK

- Ist die Haltung erlaubt? (Mietgrundstück, Parzellengebiet)
- Wird die Haltung toleriert? (Alle Nachbarn vorher fragen)
- Ist eine ganzjährige Versorgung gewährleistet? (Gibt es Freunde oder Nachbarn, die Ihre Hühner während des Urlaubs oder bei Krankheit sitten?)
- Hühner haben eine Lebenserwartung von fünf bis neun Jahren. Sind Sie bereit, so lange für Sie zu sorgen?
- Gibt es in Ihrer Umgebung einen Tierarzt, der Hühner behandelt?

Hähne können in Wohngebieten schon mal für Ärger sorgen.

Behörde, also dem Veterinäramt und der Tierseuchenkasse, anzuzeigen. Hühner dürfen nach der bundesweit geltenden Baunutzungsverordnung auch in Wohngebieten gehalten werden, da sie als Kleintiere, etwa wie Meerschweinchen oder Kaninchen, gelten. Sollte es allerdings zu Beschwerden wegen Lärmbelästigung durch das Krähen des Hahnes kommen, kann es zu Auflagen seitens der Behörde führen. So sind Fälle bekannt, wo der Hahn nachts und mittags nur in einem schalldichten Stall gehalten werden darf, aber dabei handelt es sich wohl eher um Ausnahmen.

Baugenehmigung erforderlich?

Beim Bau eines festen Hühnerstalls muss man die Bestimmungen des Baurechts je nach Bundesland hinsichtlich der Größe und dem Abstand zum Grundstück beachten, gegebenenfalls ist eine Baugenehmigung erforderlich. Kleine und mobile Ställe sind dagegen genehmigungsfrei. Zudem besteht die Pflicht, seine Hühner alle drei Monate über das Trinkwasser oder alle 12 Monate mittels Injektion gegen die Newcastle Krankheit impfen zu lassen. Eventuell gibt es weitere Bestimmungen, informieren Sie sich beim zuständigen Veterinäramt.

MOBILER ODER FESTER HÜHNERSTALL?

Wägen Sie im Vorfeld ab, was für Sie infrage kommt.

Stationäre oder mobile Hühnerhaltung

Zur klassischen Haltung von Hühnern gehört ein fester Hühnerstall mit einem umzäunten Auslauf. Alternativ dazu können die Hühner auch in einem mobilen Stall mit einem Steckzaun gehalten werden.

Beide Haltungsmöglichkeiten haben ihre Vor- und Nachteile und sind unter anderem von der Beschaffenheit des Gartens abhängig. Letztendlich hängt die Entscheidung auch von Ihrer persönlichen Einstellung ab.

VORTEILE DER STATIONÄREN HALTUNG

- Es gibt eine klare Trennung zwischen dem Hühnergehege und dem übrigen Garten.
- Der Platzbedarf ist geringer als bei der mobilen Haltung mit Wechselfläche.
- Der stationäre Auslauf kann mit einem Vogelnetz oder Maschendraht zum Schutz vor Greifvögeln überspannt werden.
- Bietet der Stall ausreichend Platz, können der Futtervorrat und das Zubehör wie z. B. die Reinigungsutensilien im Stall gelagert werden.
- Ist der Stall auch noch begehbar, können die Fütterung der Hühner und alle anderen Arbeiten im Stall durchgeführt werden, was besonders bei nasser und kalter Witterung von Vorteil ist.

VORTEILE DER MOBILEN HALTUNG

- Durch ein ständiges Umsetzen des Geheges kann sich die Bodenfläche wieder erholen, und die Hühner haben somit immer eine frische Grünfläche in ihrem Auslauf.
- Die Belastung durch den Kot wird reduziert und somit Krankheiten vorgebeugt. Denn viele Krankheiten übertragen sich über den Kot der Tiere, der entweder beim Fressen oder beim Putzen der Krallen aufgenommen wird.
- Der Parasitendruck wird reduziert. Die verschiedenen Phasen der Population von Parasiten finden wechselseitig am Wirt und im Erdreich statt. Durch das Umstellen des Geheges wird diese Kette unterbrochen, da der Parasit nicht zurück an den Wirt gelangt.

Die Wahl des Hühnerstalls

Auch bei Hühnerställen gibt es viele Varianten, vom fest gemauerten Stall über ein umfunktioniertes Gartenhäuschen bis hin zum „Hühnerwohnmobil“ ist alles möglich.

Grundsätzlich unterscheidet man zwischen einem vollwertigen begehbaren Hühnerstall und einem mobilen Übernachtungsstall. Der vollwertige stationäre Hühnerstall bietet alles, was zu einer artgerechten Haltung notwendig ist, wie Sitzstangen zur Übernachtung, einen Raum für die Eiablage, Futter, Wasser und Scharrfläche, sodass bei einer behördlich angeordneten Stallpflicht die Hühner im Stall bleiben können. Ein reiner Übernachtungsstall bietet dagegen nur eine Übernachtungsmöglichkeit und einen Raum für die Eiablage. Futter, Wasser und Scharrfläche müssen außerhalb des Stalls zur Verfügung gestellt werden. Egal, ob Sie einen Fertigstall kaufen oder einen Stall bauen möchten, es sollten ein paar Dinge beachtet werden.

1

Der Hühnerstall sollte:

- winterfest und gut belüftet sein,
- raubtiersicher sein,
- der geplanten Hühnergruppe ausreichend Platz bieten (für drei Hühner oder fünf Zwerghühner rechnet man mit ca. einem Quadratmeter Stallfläche),
- nicht zu groß sein, damit die Hühner den Innenraum im Winter mit ihrer Körperwärme ausreichend aufwärmen können,
- leicht zu reinigen sein, damit es keine Probleme mit Parasiten gibt,
- ohne Hohlräume und Ritzen sein, in denen Milben leben können.

FERTIGSTALL ODER EIGENBAU

Wer nichts falsch machen will, erwirbt am besten einen Fertigstall. Der Fachhandel bietet eine große Auswahl an Bausätzen an, wie z. B. die englische Firma Omlet, die mit ihrem Eglu Cube einen winterfesten Hühnerstall entwickelt hat, der alle Vorgaben berücksichtigt. Auf alle Fälle stehen bei einem Fertigstall die Kosten von vornherein fest und Sie kommen schnell ans Ziel. Der Eglu Cube ist ein reiner Übernachtungsstall, er bietet ausreichend Platz für die Nachtruhe und die Eiablage. Eine Scharrfläche

2

1 Ein fester Hühnerstall vom Fachmann individuell angefertigt.

2 Ob im Sommer oder Winter, der Eglu Cube ist ein Allrounder unter den mobilen Fertigställen.

Klein aber fein, ein Hühnerstall Marke Eigenbau.

fehlt allerdings und muss im Gehege zur Verfügung gestellt werden. Durch die Erweiterungsmöglichkeit eines Auslaufs mit Überdachung durch eine Allwetterplane ist sogar die Haltung im Falle einer Stallpflicht und bei Schneefall im Winter möglich.

Wer über ausreichend handwerkliches Geschick verfügt, kann seinen Ideen freien Lauf lassen, um einen neuen Stall, ob mobil oder stationär, selbst zu bauen oder ein bereits vorhandenes und nicht mehr genutztes Garten- oder Spielhaus umzubauen. Im Internet finden Sie viele Anregungen. Bitte beachten Sie dabei Folgendes:

- Eine Isolierung gegen Wärme und Kälte sollte nicht fehlen, sie muss aber unbedingt zum Innenraum hin abgedichtet sein, um zu verhindern, dass sich in der Isolierung Milben einnisten.
- Wichtig ist eine gute Belüftung. Egal ob Sommer oder Winter, die Feuchtigkeit, die die Hühner insbesondere nachts abgeben, muss entweichen können. Verwenden Sie gegenüberliegende Wandanschlüsse mit Lufthauben oder Lamellen, um Zugluft zu vermeiden. Auch eine Tropfkante sollte nicht fehlen, damit das entstehende Kondenswasser abgeleitet wird.
- Bei einem stationären Hühnerstall muss der Boden so beschaffen sein, dass sich keine Ratten hindurchgraben können, hierfür bieten sich Gehwegplatten an. Außerdem ist für ausreichend Licht im Stall zu sorgen, falls die Hühner bei einer Stallpflicht einige Zeit drinnen bleiben müssen.
- Noch besser ist es, wenn eine überdachte Voliere mit einem Dachüberstand geplant wird. Dieser soll verhindern, dass darüber fliegende Wildvögel in das Gehege koten und so eine Übertragung des Vogelgrippeerregers verhindern.

Was Sie alles zum Einrichten Ihres Hühnerstalls benötigen, finden Sie im Kapitel Ausstattung und Zubehör Seite 18 ff.

ANNAS KLEINE HÜHNERVILLA

Aus einer fixen Idee auf einer Grillfeier mit Freunden wurde mit der Zeit ein konkreterer Plan. Bei uns im Garten sollten ein paar Hühner einziehen. Noch unerfahren fingen wir an, Bücher und Forenbeiträge über Hühnerhaltung zu lesen. Wir nahmen uns als Erstes den Bau des Hühnerstalls vor. Durch die vorherige Recherche hatten wir ein paar gute Ideen gesammelt und setzten diese direkt beim Bau um.

Unser Hühnerstall hat unter der Sitzstange eine Kotschublade, die zum Entleeren herausgezogen werden kann. Sie ist durch ein Gitter geschützt, sodass die Hühner nicht darin herumlaufen können.

Der Stall lässt sich durch eine doppelflüglige Tür ganz öffnen, sodass er leicht zu reinigen ist, Futter und Wasser nachgefüllt werden können.

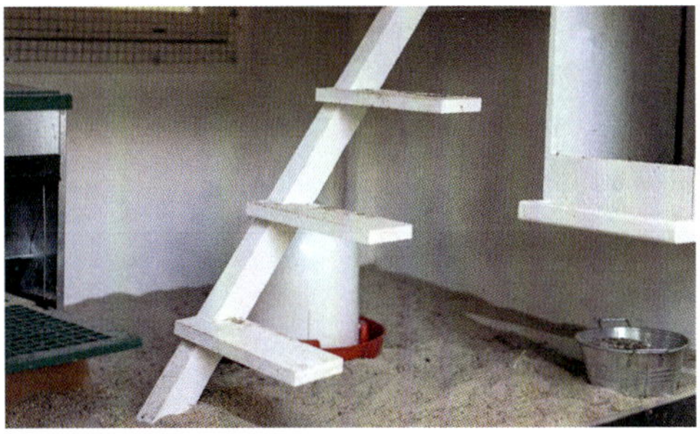

Die Legenester sind durch eine Tür von außen zugänglich, und die Front des Stalls lässt sich durch zwei Türen öffnen.
Die elektrische Hühnerklappe ist Gold wert, so wissen wir die Hühner abends sicher verwahrt und können auch mal länger schlafen.

Ausstattung und Zubehör

In Ihrem Hühnerstall brauchen Sie nun noch ein wenig Inventar, damit er wohnlich wird. Dazu gehören Hühnerklappe, Einstreu, Sitzstangen, Kotbretter, Legenester und Futterrinnen.

DIE HÜHNERKLAPPE

Während der Dämmerung suchen die Hühner von sich aus den Stall auf, um auf den Sitzstangen die Nacht zu verbringen. Erhöht zu schlafen ist ein angeborener Überlebensinstinkt, denn in der Natur würden die Hühner bei nachlassendem Tageslicht aufbaumen. Das bedeutet, dass die Hühner die unteren Äste eines geeigneten Baumes zur Übernachtung aufsuchen, um so vor ihren Fressfeinden geschützt zu sein. Damit die Hühner auch im Stall geschützt sind, muss dieser zum einen raubtiersicher sein und zum anderen über Nacht durch eine Hühnerklappe geschlossen werden.

Bei der einfachen Variante muss die Klappe morgens und abends von Hand geöffnet und geschlossen werden. Die Hühnerklappe besteht aus zwei rechts und links verbauten Schienen, zwischen denen ein Schieber hoch- oder runtergeschoben wird. Durch Zugbänder, die über Rollen gelenkt werden, kann man die Klappe auch von außen bedienen.

Automatische Klappen

Der Handel bietet auch elektronisch gesteuerte Schließsysteme an. Die Klappe wird dann mit einem Lichtsensor oder eine Zeitsteuerung über Zugschnüre automatisch geöffnet und

1

2

geschlossen. Das ist nicht nur bequemer, sondern auch sicherer. Oft wird argumentiert, dass es ja bei dem automatischen System vorkommen kann, dass ein Huhn mal den Zeitpunkt verpasst, die Nacht draußen verbringen muss und so der Gefahr der Feinde ausgesetzt ist. Aber auf der anderen Seite ist ja der gesamte Bestand gefährdet, wenn man mal vergessen sollte, abends die Klappe von Hand zu schließen. Ich persönlich habe in all meinen Holzställen elektronische Pförtner der Firma Axt verbaut.
Auch für den Eglu Cube gibt es automatische Türsysteme zum Nachrüsten. Da wäre der automatische Türöffner der Firma Omlet, der im Stall verbaut wird. Hier besteht allerdings die Gefahr, dass sich in den Hohlräumen des Systems Milben einnisten. Anders als bei dem System von Hentronix, das oben auf dem Stall verbaut wird und die vorhandene Klappe bedient.
Meine Erfahrungen mit den automatischen Systemen sind durchweg positiv, wobei ich auch sagen muss, dass ich doch schon mal vergesslich bin und lieber auf der sicheren Seite sein möchte, indem ich mich auf die Automatik verlasse.
Vor der Hühnerklappe sollte von außen ein Windfang angebracht werden, um Zugluft zu vermeiden.

1 Bequeme Handbedienung der Hühnerklappe über Zugschnüre.

2 Hühnerklappe mit elektronischen Pförtner von Axt-electronic.

1

2

1 Als Einstreu für den Hühnerstall eignen sich viele Materialien.

2 Ich bevorzuge gehäckseltes Rapsstroh für die Legenester.

DIE EINSTREU

Als Einstreu für die Scharrfläche eignen sich grundsätzlich viele Materialien: Holzspäne, Stroh- und Hanfhäcksel, Sand, trockenes Laub oder Rindenmulch. Langhalmiges Stroh eignet sich dagegen nicht, da sich in den hohlen Halmen Milben ansiedeln könnten. Allerdings gibt es eine Ausnahme: Im Winter kann Stroh als Wärmepolster während einer Frostperiode vorübergehend auf die vorhandene Streu aufgebracht werden. Mein Nachbar, ein erfahrener Landwirt, hatte mal zu mir gesagt, Hühner dürfen keine kalten Füße bekommen, sonst erkälten sie sich.

Ich habe viele verschiedene Materialien ausgiebig getestet und hatte mich zuerst für Rapshäcksel wegen der positiven Eigenschaften entschieden, das ich auch heute noch in meinen Legeboxen verwende. Für die Scharrfläche bin ich dann später auf Maisspindelgranulat umgestiegen. Bei der Herstellung werden Maisspindeln, die bei der Maisernte übrig bleiben, zu einem Granulat verarbeitet. Der große Vorteil liegt darin, dass das Granulat nicht mit dem Kot verklumpt und sich nicht verfestigt. So kann der Kot abtrocknen und wird vom Granulat zerrieben, während die Hühner darüberlaufen und darin scharren. Da nichts verklumpt, wird das Granulat langzeitig gut durchlüftet, was zu einem guten Stallklima beiträgt. Nach wenigen Wochen mit dieser neuen Einstreu fragte mich meine Frau, ob ich etwas im Hühnerstall verändert hätte, es würde jetzt viel angenehmer riechen. Es hat sich auch gezeigt, dass diese Einstreu nur drei- bis viermal im Jahr gewechselt werden muss.

Einstreu für Legeboxen und Kotbrett

Als Einstreu für die Legeboxen und das Kotbrett habe ich mich für gehäckseltes Rapsstroh entschieden. Rapsstroh ist staubfrei, saugstark und nimmt alles auf, und das Kotbrett lässt sich ganz einfach reinigen. Und kompostierbar ist es auch, denn Rapsstroh ist ein Naturprodukt, bestehend aus klein gehäckselten Pflanzenresten, die nach der Rapsernte übrig bleiben. Alternativ gibt es auch noch Flachs- bzw. Leinenstroh. Das hat die gleichen positiven Eigenschaften wie Rapsstroh, ist aber nicht so pieksig, etwas feiner und krümeliger, fühlt sich einfach angenehmer an, ist dafür auch etwas teurer.

DIE INNENEINRICHTUNG

Der Handel für landwirtschaftlichen Bedarf bietet eine große Auswahl an Ausstattung des Geheges und des Hühnerstalls an. Fündig werden Sie in der Futtermühle oder dem Raiffeisenmarkt vor Ort, beides Fachhändler für Agrar, Tier und Technik, sowie in diversen Onlineshops. Lassen Sie sich über die Vor- und Nachteile der verschiedenen Ausführungen beraten.

Legenester

Legenester sind in den Fertigställen bereits integriert. Für den selbst gebauten Stall bietet der Handel Legenester aus Holz oder Kunststoff an. Wenn Sie sich eine Legebox selber bauen wollen, wäre es praktisch, wenn Sie die Box so verbauen, dass die Eier von außen entnommen werden können, denn dann braucht man für die Entnahme der Eier den Stall nicht betreten, und die Schuhe bleiben sauber. Eine Legebox sollte 35 × 35 × 35 cm groß sein. Für fünf Hühner reichen zwei bis drei Legeboxen oder eine größere Gemeinschaftsbox, denn Hühner legen ihre Eier am liebsten nacheinander in dasselbe Nest. Als Einstreu für die Legeboxen hat sich eine dicke Schicht Rapshäcksel bewährt. Zum Einzug motivieren ein paar Nesteier aus Holz, Gips oder Kunststoff die Hennen, ihre Eier in das Legenest und nicht irgendwo anders abzulegen, später benötigen sie für die erfahrenen Hennen die Motivationseier nicht mehr.

Sitz- und Schlafstangen

Hühner benötigen Schlaf- oder Sitzstangen für die Übernachtung. Diese

Sitzstange mit vergittertem Kotbrett darunter

TIPP

Als Gitter über dem Kotbrett verwende ich Bewehrungsgitter aus verzinktem Metall, die gibt es kostengünstig im Baumarkt und sind leicht zu verbauen.

sollten in einer einheitlichen Höhe verbaut werden, um Streitigkeiten zu vermeiden, denn die höchsten und somit vermeintlich sichersten Schlafplätze sind am begehrtesten. Es können Rundhölzer oder Kanthölzer mit stark gerundeten Kanten mit einem Maß von ca. 5 cm verwendet werden. Man benötigt pro Huhn 25–30 cm Sitzlänge. Die aus der Anzahl der Hühner errechnete Gesamtlänge kann gegebenenfalls auf mehrere Stangen verteilt werden. Die Sitzstangen sollten abnehmbar sein, damit sie später leicht gereinigt werden können.

Kotbretter

Unter den Sitzstangen haben sich Kotbretter aus zweierlei Gründen bewährt. Zum einen wird der Kot aufgefangen und ist somit leicht zu entfernen, ohne sich bücken zu müssen, zum anderen wird die Fläche unter dem Kotbrett als zusätzliche Scharrfläche gewonnen. Wenn Sie ein solches Kotbrett mit einem Rahmen konstruieren und von oben mit einem Gitter abdecken, verhindern Sie den Kontakt der Hühner mit dem Kot, was sich positiv auf die Gesundheit der Hühner auswirkt.

FUTTERAUTOMATEN UND FUTTERRINNEN

Für die Fütterung mit Körnerfutter oder Pellets können Sie sich zwischen Futterautomaten und Futterrinnen entscheiden. Dabei ist zu beachten, dass Hähne nicht aus Futterrinnen fressen können, da der große Kamm des Hahns an die Metallgitter der Futterrinne stößt. Feuchtfutter biete ich meinen Hühnern in Untersetzern aus Kunststoff für Balkonkästen an. Diese sind günstig im Baumarkt erhältlich und haben aufgrund ihrer

Untersetzer für Balkonkästen sind eine gute Alternative zur Futterrinne für Feuchtfutter.

schmalen, langen Bauform den Vorteil, dass viele Hühner nebeneinander und auf beiden Seiten verteilt das Futter aufnehmen können. Dadurch werden Streitigkeiten durch Futterneid vermieden. Die bereits erwähnten Futterrinnen mit Gitter haben den Vorteil, dass die Hühner nicht in das Futter treten können. Wenn Sie den Hühnern an mehreren Stellen Futter und Trinkwasser anbieten, ist auch die Versorgung der rangniedrigen Tiere gewährleistet, die sonst von den ranghöheren Hennen von der Futterstelle verjagt werden könnten. Für das Grünfutter verwende ich einen Grünfutterkorb, der aufgehängt wird. Dieser bietet zudem einen Bewegungsanreiz für die Hühner, denn sie müssen sich strecken oder hochspringen, um an das Futter aus der schwankenden Raufe zu kommen. Falls Wildvögel oder Nager das Hühnerfutter wegfressen, bietet der Handel Futterautomaten mit einer Trittplatte an. Über die Trittplatte wird durch das Gewicht des Huhns das Futter freigegeben und anschließend wieder verschlossen.

TRÄNKEN

Geflügeltränken gibt es als Stülptränke, Syphontränke oder als Tränkeeimer in verschiedenen Größen. Bewährt hat sich die Geflügeltränke mit Doppelzylinder, Tragegriff und Bajonettverschluss. Im Gegensatz zur Stülptränke kann diese von oben mit Wasser befüllt werden, so entfällt das lästige Umstülpen nach der Befüllung. Als Erstausstattung sollte eine 3–5 Liter große Tränke für fünf Hühner ausreichen. Systeme mit Nippeltränken für Geflügel bestehen aus einem Schwimmertank, der mit einem Leitungssystem mit der Nippeltränke verbunden ist. Dieses System gewährleistet die Versorgung mit stets sauberem Wasser, da die Verunreinigung durch Futterreste und Einstreu ausgeschlossen ist. Wichtig ist, dass die Hühner immer Zugang zu frischem Trinkwasser haben!

CHECK

Einkaufsliste für die Erstausstattung:

- Legemehl, Körnerfutter und Muschelgrit
- Kieselsteine als Magensteine
- Pickstein
- Einstreu (z. B. Rapsstreu auch für die Legenester)
- Futterautomat oder Futterrinne
- Geflügeltränke
- Große Kunststoffwanne für das Staubbad

Durch die Verwendung einer Futterraufe wird das Fressen ein Erlebnis.

Bei einer Stülptränke läuft das Trinkwasser ständig in die Trinkrinne nach.

Sollten Hühner Zugang zu einer natürlichen Wasserfläche haben, muss sichergestellt sein, dass es sich als Trinkwasser eignet.

Der Auslauf

Ein solider Zaun, Schutz vor Greifvögeln und Wellnesszonen mit Staubbad, ein Platz an der Sonne und Versteckmöglichkeiten sollte ein Auslauf bieten.

Ein artgerechtes Hühnergehege beinhaltet einen abwechslungsreich gestalteten Auslauf, denn im Freien fühlen sich die Hühner am wohlsten. Die Größe des Auslaufs richtet sich nach der Anzahl der gehaltenen Hühner und sollte 5 – 10 Quadratmeter pro Huhn betragen. Der Untergrund sollte aus Grünfläche und Erde bestehen, künstlich befestigte Flächen mit Pflastersteinen oder Gehwegplatten eignen sich nicht.

Wer über ein ausreichend großes Grundstück verfügt, kann einen Wechselauslauf gestalten, um zu vermeiden, dass der Untergrund zu stark beansprucht wird. Hierbei wird der Auslauf mit einem Zaun in zwei Hälften geteilt, wobei die Hühner abwechselnd in je einer Hälfte gehalten werden, während sich die Grasnarbe in der anderen erholen kann, ähnlich wie bei der mobilen Haltung.

DER ZAUN

Die Umzäunung sollte gut einen Meter hoch sein, bei leichteren, flugtauglichen Rassen besser bis zu 1,80 m. Für eine feste Umzäunung bieten sich die Materialien Holz, Maschendraht oder Kaninchendraht an. Um zu verhindern, dass Fressfeinde wie beispielsweise der Fuchs den Zaun untergraben, sollte dieser entweder bis ins Erdreich reichen oder man umlegt die Umzäunung mit Gehwegplatten.

Hühner lieben einen Auslauf mit Strukturen und Versteckmöglichkeiten.

Mobile Zäune

Als Zaun für einen mobilen Auslauf bietet der Handel sogenannte „Euro-Netze mit Doppelspitze" an. Für fünf Hühner reichen 25 Meter Länge aus, wenn ausreichend Platz zur Verfügung steht, besser 50 Meter. Euro-Netze haben den großen Vorteil, dass sie leicht umgesetzt werden können. Die Doppelspitze sorgt für eine stabile Verankerung im Boden, und der Stab kann mit dem Fuß leicht in den Untergrund gedrückt werden. Allerdings verdopple ich die Anzahl der Stäbe, damit das Netz nicht so durchhängt. Für die Ergänzung eines 25 Meter langen Zaunes, benötigen Sie sieben Ersatzstäbe. Oft sind Erdnägel und ein Reparaturset im Lieferumfang enthalten. Ein Elektrozaun oder Elektronetz ist für Hühner im heimischen Garten wohl eher nicht notwendig,

1

1 Der Hahn wacht über seine Hennen, bei Gefahr benötigen diese Unterschlupfmöglichkeiten.

bietet allerdings einen zusätzlichen Schutz vor Fressfeinden (siehe auch Kapitel Fressfeinde, Seite 96).

STRUKTUR DES AUSLAUFS

Ein überdachter Bereich im Auslauf ist von doppeltem Vorteil: Zum einen findet das Sandbad darunter einen trockenen Standort und zum anderen kann man hier die Hühner im Falle einer Stallpflicht aufgrund von Vogelgrippe oder bei Schnee halten.

Im Auslauf sollte es Sonnen- sowie Schattenplätze und auch Unterschlupfmöglichkeiten für die Hühner geben. Darum sollten Bäume und Büsche im Auslauf vorhanden sein. Wählen Sie hierfür robuste und haltbare Sträucher und Pflanzen wie Nadelbäume, Koniferen, Obstbäume, Holunder-

2

3

oder Beerensträucher. Die herabfallenden Früchte werden von den Hühnern gern gefressen. Entlang des Zauns kann man Hecken anpflanzen, die als natürlicher Windschutz dienen. Hühner brauchen Beschäftigung und freuen sich auch über künstliche Strukturen, wie Unterstände oder Klettergerüste aus Holz, Weiden- oder Bambusmatten oder anderen natürlichen Baumaterialien (siehe auch Kapitel Verhaltensstörungen vorbeugen Seite 92 ff.). Diese bieten ebenfalls Schattenplätze, dienen als Rückzugsorte und geben Deckung vor Fressfeinden aus der Luft, dadurch fühlen sich die Hühner im Auslauf sicherer. Auch ein Komposthaufen zum Scharren und Picken wird von den Hühnern gern angenommen.

2 Bereiche für Sonnen- und Staubbäder dürfen nicht fehlen.

3 Küken brauchen besonderen Schutz vor Fressfeinden.

WELCHE HÜHNER SOLLEN ES SEIN?

Auswahl des Händlers oder Züchters

Mit der Frage, welche Hühnerrassen gekauft werden sollen, stellt sich vor allem auch die Frage, woher man die Hühner bekommt. Hier empfiehlt es sich, im eigenen Umfeld zu fragen, ob jemand bereits Erfahrungen gemacht hat.

Eine Geflügeltransportkiste ist nicht nur für den Transport vom Züchter hilfreich, sondern auch bei Fahrten zum Tierarzt.

Egal ob Züchter, Händler oder Geflügelhof, machen Sie sich ein Bild, sprechen Sie mit dem Verkäufer, informieren Sie sich über Herkunft, Alter und Impfung und sehen Sie sich nicht nur die Hühner, sondern auch die Haltungsbedingungen genau an. Die Entfernung vom eigenen Standort zum Händler sollte auch nicht zu groß sein, damit die Fahrtzeit für die Hühner nicht zu lange dauert.

„FLIEGENDE HÄNDLER"

Falls Sie sich für einen sogenannten „Fliegenden Händler" entscheiden sollten, prüfen Sie bitte zusätzlich folgende Zustände:

- Werden die Tiere während der täglichen Fahrten regelmäßig mit Futter und Wasser versorgt?
- Ist der Laderaum ausreichend belüftet, klimatisiert bzw. beheizt?
- Haben die Tiere genug Platz in den Transportkisten?
- Hat der Kunde die Chance, sich die Tiere vor dem Kauf auszusuchen und anzuschauen oder landet das Geflügel „ruckzuck" im Karton?

Bei dieser Art der Vermarktung bleibt natürlich folgendes Grundproblem bestehen: Die Tier haben viel Zeit auf dem LKW verbracht, denn von Februar bis November, von morgens früh bis abends spät sind die LKWs mit den Tieren fast täglich unterwegs. Und was nicht verkauft wird, ist bei der nächsten und der übernächsten Verkaufsfahrt wieder und wieder mit dabei.

PRIVATE ZÜCHTER

Bei Hühnern von privaten Züchtern, stehen die Erfolge auf Geflügelschauen und Ausstellungen im Vordergrund. Nach meinen Erfahrungen sind solche Hühner nicht besonders widerstandsfähig, daher empfiehlt es sich, bei der Auswahl des Händlers darauf zu achten, dass die Züchtungen seit Generationen an eine Robusthaltung angepasst wurden.
Meistens macht es Sinn, alle Hühner bei einem Händler zu kaufen, denn sie sollten möglichst am gleichen Tag in ihren Stall einziehen, da sie sich erst einmal kennenlernen müssen, um die Rangordnung festzulegen, was wiederum Stress für die Tiere bedeutet. Haben Sie sich dann für einen Händler entschieden, suchen Sie aus seinem Angebot die Hühner Ihrer Wahl in Ruhe aus.

Es dauert nicht lang und die Hühner werden zutraulich. Manche betteln und fressen dann auch aus der Hand.

HOBBYHALTER

Es gibt viele Hobbyhalter, die Freude an der Brut und Aufzucht der Küken haben und bruttaugliche Eier zum Ausbrüten durch die eigene Glucke sowie junge Hennen und Hähne aus eigener Nachzucht zum Verkauf anbieten. So kann man an bestimmte Rassen kommen und eventuell auch an alte Haustierrassen wie Andalusier oder Barnevelder. Auch ungewollte Kreuzungen verschiedener Rassen können hübsche Nachfahren hervorbringen.

RETTET DAS HUHN

Der Verein „Rettet das Huhn e.V." übernimmt ausgediente Legehennen aus der Massentierhaltung und vermittelt diese ganz nach dem Slogan: „Ein Tier zu retten verändert nicht die ganze Welt, aber die ganze Welt verändert sich für dieses Tier." Oft werden auch Hühner durch das örtliche Tierheim oder den Tierschutzverein vermittelt. Bedenken Sie jedoch, dass sich die Tiere oft in einem erbärmlichen Zustand befinden und viel Liebe und intensive Zuwendung benötigen.

Junghennen sind noch ängstlich und werden erst mit der Zeit zutraulich.

Legehenne oder Masthuhn, Zwiehuhn oder Hybrid

Je nachdem, ob Sie sich mit Eiern oder Fleisch versorgen wollen, stehen Ihnen entsprechende Zuchtrichtungen zur Verfügung. Neben den reinen Lege- oder Fleischrassen gibt es auch noch die sogenannten Zweinutzungshühner oder auch Zwiehühner genannt.

ZWIEHÜHNER

Zwiehühner wie z. B. die Rasse Sussex haben neben einer guten Legeleistung auch einen ganz ordentlichen Fleischansatz. Den meisten privaten Hühnerhaltern geht es jedoch wohl in erster Linie um die Selbstversorgung mit Eiern. Hier bietet der Handel robuste Legerassen an wie z. B. Leghorn, Marans, Sperber, Italiener und Grünleger mit einer durchschnittlichen Legeleistung von 240 Eiern jährlich. Dabei müssen Sie sich nicht auf eine Rasse festlegen, eine bunt gemischte Gruppe ist auch möglich und bietet Abwechslung für das Auge. So bunt gemischt wie die Hühnergruppe sind dann auch die Eier (siehe Selbstversorgung mit Eiern und Fleisch, Seite 71).

HYBRIDHÜHNER

Neben den Rassehühnern gibt es noch das sogenannte Hybridhuhn, auch als die typische Braune Legehenne bekannt. Hierbei handelt es sich um eine nicht nachzuchtfähige Kreuzung verschiedener Legerassen. Die Zuchtlinie ist ein Betriebsgeheimnis des jeweiligen Konzerns. Hybridhühner haben eine beachtlich hohe Legeleistung von über 300 Eiern pro Jahr bei gleichzeitigem geringen Futterverbrauch. Zudem werden sie besonders schnell zutraulich, haben aber den entscheidenden Nachteil, dass die Legeleistung bereits nach ca. zwei Jahren nachlässt. Anders ist es bei den oben genannten Legerassen, hier lässt die Legeleistung langsam und kontinuierlich nach. So kann auch eine ältere Henne noch ein Ei pro Woche legen.

RASSEN

Es gibt sehr viele Hühnerrassen. Auf den folgenden Seiten werden Ihnen zwölf gängige Rassen vorgestellt, die sich auch gut für den Einstieg eignen.

1

2

3

1 Hybridhühner bestechen nicht nur mit der hohen Legeleistung, sondern sind auch hübsch anzusehen.

2 Seidenhühner haben ein besonders kuscheliges Federkleid.

3 Die Sperberung bei Hühnern ähnelt in der Färbung und Struktur der Brust des gleichnamigen Greifvogels, dem Sperber.

RASSEN

ARAUCANA

— *Araucana*

HERKUNFT: Südamerika

WESEN: scheu, vorsichtig und zurückhaltend, aber richtig schnell

EIER: grün/türkis, 50 g, 180 Eier/Jahr

BESONDERHEIT: schwanzlos, Federquasten anstelle der Kehllappen, legt grüne Eier

Araucana unterscheiden sich nicht nur im Aussehen von den übrigen Rassen, sie legen auch grüne bis türkisfarbene Eier. Die ungewohnte Körperform und die Federquasten im Gesicht sind charakteristisch.

BOVAN ODER SCHWARZE LEGEHENNE (SCHWARZLEGER)

— *Bovan*

HERKUNFT: Hybrid

WESEN: mutig und neugierig, sehr angenehmes Wesen

EIER: braun, 65 g, 290 Eier/Jahr

BESONDERHEIT: eine Kreuzung der Hühnerrassen New Hampshire und Australorp. Deutlich mehr Fleischansatz als andere Hybriden.

Bovan Hühner gehören zu der Gruppe der Hybriden mit entsprechend hoher Legeleistung. Sie sind aber deutlich schwerer als die Braun- und Weißleger.

HYBRIDHUHN ODER BRAUNE LEGEHENNE (BRAUNLEGER)

— *Rasse: Lohmann Brown, Tetra usw.*

HERKUNFT: Deutschland

WESEN: bereits als Junghenne schon sehr zutraulich

EIER: hell- bis mittelbraun, 60 g, 320 Eier/Jahr

BESONDERHEITEN: Hybridhuhn mit besonders hoher Legeleistung in den ersten zwei Jahren

Die Braune Legehenne ist das typische Hybridhuhn und wird zusammen mit Weißlegern häufig in Legeanstalten eingesetzt. Drei Eigenschaften machen das Huhn auch für Hobbyhalter interessant: die hohe Legeleistung, seine Robustheit und seine Zutraulichkeit.

DEUTSCHE SPERBER (GRAUSPERBER)

— *Deutsche Sperber*

HERKUNFT: Deutschland

WESEN: ruhiges und gelassenes Huhn

EIER: weiß, 60 g, 180 Eier/Jahr

BESONDERHEITEN: typisches Landhuhn, kräftig und groß

Das Markenzeichen ist das gesperberte Gefieder, abgeleitet vom Sperber, einem Greifvogel mit ähnlich gemusterter Brust. Es gibt nur den schwarzweißen Farbschlag. Diese Rasse zeichnet sich durch Lebhaftigkeit und Zutraulichkeit aus.

RASSEN

DRUFFLER HAUBE

— *Druffler Haube*

HERKUNFT: Niederlande

WESEN: scheu, argwöhnisch und doch neugierig

EIER: creme/alabasterfarben, 58 g, 280 Eier/Jahr

BESONDERHEIT: Federhaube auf ihrem Kopf, besondere Stimme – pfauähnlich

Die Druffler Haube ist durch ihr Aussehen ein Hingucker. Es gibt sie in fast allen Farbschlägen. Das schlanke, leichte bis mittelschwere Huhn ist ein guter Flieger und benötigt einen hohen Zaun. Leider ist die Druffler Haube meistens schwer zu bekommen.

GRÜNLEGER

— *Grünleger Hybridhuhn*

HERKUNFT: Südamerika/Deutschland

WESEN: zurückhaltend bis ängstlich

EIER: grün/türkis, 60 g, 260 Eier/Jahr

BESONDERHEITEN: Kreuzung aus Araucana und gängigen Rassen mit hohen Legeleistungen. Kleines Huhn in verschiedenen Farbschlägen

Diese Haushühner legen Eier mit einer grünen bis türkisen Schale. Grüne Eier gelten als cholesterinarm. Gezüchtet werden die Grünleger aus Kreuzungen verschiedener Legerassen mit der Rasse Araucana.

KÖNIGSBERGER

— *Königsberger*

HERKUNFT: Hybrid, der züchterische Hintergrund ist Betriebsgeheimnis des Konzerns Lohmann

WESEN: sanftes Temperament und sehr neugierig

EIER: hellbraun, 63 g, 240 Eier/Jahr

BESONDERHEIT: die blaugraue Gefiederfarbe

Dieses Huhn macht seinem Namen alle Ehre, mit dem silbergrauen Gefieder ist es das hübscheste unter den Hybriden. Das ruhige Huhn verträgt sich sehr gut mit anderen Hühnern und eignet sich somit hervorragend für eine gemischte Gruppe.

LEGHORN (WEISSLEGER)

— *Rasse: Leghorn*

HERKUNFT: Italien (Hybridzüchtungen aus USA)

WESEN: scheu, ängstlich und schreckhaft, wird kaum zutraulich

EIER: weiß, 60 g, 220 Eier/Jahr

BESONDERHEITEN: zierliches und leichtes Huhn mit sehr guter Legeleistung

Viele weiße und große Eier. Markenzeichen ist der große Kamm, der gern zur Seite fällt und der schöne aufrecht getragene Schwanz. Diese Rasse ist zurückhaltend und eher ängstlich. Der Name stammt von der italienischen Stadt Livorno ab.

RASSEN

MARANS

— *Rasse: Marans*

HERKUNFT: Frankreich

WESEN: lebendig und dennoch etwas scheu

EIER: kastanienbraun, 65 g, 170 Eier/Jahr

BESONDERHEITEN: befiederte Läufe, legt dunkelbraune, besonders dickschalige Eier

Schokoladenbraune Eier, das kann nur eine Marans-Henne. Die aus Frankreich stammende Rasse erkennt man an den befiederten Läufen. Marans gibt es in vielen Farbschlägen, die gängigsten sind schwarz und goldhalsig gesperbert. Bei den Schwarzen schillert das Gefieder in Blau- und Grüntönen in der Sonne.

SUSSEX

— *Sussex*

HERKUNFT: England

WESEN: sanft, freundlich und besonders zutraulich

EIER: gelb, 55 g, 180 Eier/Jahr

BESONDERHEITEN: ideales Anfängerhuhn, das auch handzahm werden kann

Gut geeignet für Hobbyhalter: pflegeleicht, robust, ruhig und zutraulich. Als Zwiehuhn mit guter Legeleistung und gutem Fleischansatz genau richtig für die Selbstversorgung. Sollte Ihnen allerdings eine Naturbrut wichtig sein, ist die Sussex Henne die falsche Wahl, denn sie kommt nur selten in Brutstimmung.

VORWERKHUHN

— *Vorwerkhuhn*

HERKUNFT: Deutschland

WESEN: sehr friedlicher Charakter, sogar die Hähne respektieren sich untereinander

EIER: gelb, 55 g, 170 Eier/Jahr

BESONDERHEITEN: sehr robust und wetterhart

Das nach seinem Züchter benannte Haushuhn zeichnet sich durch seine einzigartige Farbgebung aus. Kopf, Hals und Schwanz sind schwarz, der restliche Körper leuchtet in einem satten Gold-Orange-Ton. Die robusten Hühner sind ideal für Hobbyhalter.

WYANDOTTEN

— *Wyandotten*

HERKUNFT: Amerika

WESEN: durch das ruhige und friedliche Wesen kommt es gut mit anderen Hühnern aus

EIER: hellbraun, 55 g, 180 Eier/Jahr

BESONDERHEITEN: hübsches und auffälliges Huhn

Der Name dieser hübschen Rasse ist aus dem Namen eines Indianerstamms abgeleitet. Typisch für Wyandotten sind die schwarz gesäumten gold- oder silberfarbenen Federn. Sie gelten als flugfaul und kälteunempfindlich.

Der Hahn im Korb

Hähne haben ein tolles Gefieder, sorgen für Ruhe unter den Hennen, zeigen Futter und passen auf ihre Herde auf. Doch ihr Krähen ist bekanntlich laut.

Ein stattlicher Hahn ist nicht nur schön anzuschauen, er übernimmt auch wichtige Aufgaben in der Hühnergruppe.

Bevor ich mich dazu entschied, meinen Bestand um einen Hahn zu erweitern, habe ich zuerst alle Nachbarn von meinem Vorhaben unterrichtet, um einem Nachbarschaftsstreit von vornherein aus dem Weg zu gehen. Und siehe da, die Resonanz war durchweg positiv. Endlich wieder ein Hahn im Ort, freuten sich meine Nachbarn. Allerdings wohne ich auf dem Land, hier ist die Akzeptanz höher als in städtischen Bereichen. Für viele Menschen stellt der Hahnenschrei eine Ruhestörung dar, denn bereits morgens zwischen 4 und 5 Uhr, mittags und abends wird ausdauernd gekräht. Ich werde ebenfalls hin und wieder vom Hahnenschrei geweckt, schlafe jedoch gleich wieder ein, anders als bei Straßen- oder Baustellenlärm. Ein Hahn ist natürlich auch etwas für das Auge: Mit seinem meist bunten und auffälligen Federkleid und mit seiner imposanten Größe ist er ein richtiger Hingucker in jeder Hühnergruppe.

ES GEHT AUCH OHNE

Unbedingt notwendig ist ein Hahn allerdings nicht, denn fehlt er, übernimmt meist eine der Hennen seine Rolle. Das kann so weit gehen, dass der Henne ein größerer Kamm wächst, und in seltenen Fällen kann sie sogar anfangen zu krähen, nicht so laut und nicht so oft, aber immerhin. Die Legeleistung der Hennen und der Geschmack der Eier werden nicht durch einen Hahn beeinflusst, und selbst wenn man Nachwuchs haben will, um sich an einer Naturbrut zu erfreuen, ist ein eigener Hahn verzichtbar. Denn sobald eine Henne in Brutstimmung gerät, können Sie die unbefruchteten Eier gegen Bruteier austauschen. Diese bekommen Sie von anderen Hühnerhaltern oder sogar im Onlinehandel. Mein Nachbar, ein erfahrener Landwirt, sagte immer, wenn du glückliche Hühner haben möchtest, brauchst du auch einen Hahn.

1

BODYGUARD UND STREITSCHLICHTER

Die Aufgaben eines Hahnes sind vielseitig. Er sorgt für Ruhe in der Hühnergruppe und fungiert als Streitschlichter, wenn die sogenannte Hackordnung mal wieder von den Hennen neu umkämpft wird. Außerdem wacht er über seine Hennen. So kann ein stattlicher Hahn beispielsweise manchen Habichtangriff bereits durch seine pure Anwesenheit vereiteln. Allerdings sollte immer nur ein Hahn in einer Hühnergruppe gehalten werden, Streitigkeiten und blutige Auseinandersetzungen sind sonst vorprogrammiert. Ausnahmen bilden Hähne, die zusammen aufgewachsen sind. Die Chance für eine Zusammenführung zweier Hähne beträgt 50 : 50. Entweder unterliegt schnell einer der beiden Kontrahenten beim Kampf, und beide akzeptieren sich fortan, oder sie bekämpfen sich ständig, manchmal sogar bis zum Tod. In diesem Fall ist eine gemeinsame Haltung unmöglich. Mir ist einmal eine Zusammenführung zweier Hähne (Ma-

2

rans und Sussex) gelungen. Ich habe zuerst beide Hähne mit einem Zaun voneinander getrennt. Anfangs haben sich beide Hähne sehr aufgeregt und sich durch den Zaun attackiert, dann aber auch schnell das Interesse aneinander verloren. Nachdem ich dann den Trennzaun entfernt hatte, gab es einen kurzen, aber heftigen Kampf mit leichten Verletzungen am Kehllappen. Gott sei Dank gehen sich die beiden Hähne seitdem aus dem Weg und akzeptieren sich gegenseitig, und ich konnte keine weiteren Auseinandersetzungen mehr beobachten.

Das Verhältnis von Hahn und Hennen sollte zwischen fünf und 15 Hennen pro Hahn betragen, je nachdem, ob es sich um eine schwere oder leichte Rasse handelt. Zum einen dürfen es nicht zu wenig Hennen sein, da sonst die Hennen durch den zu häufigen Tretakt (Paarung) leiden, zum anderen sollten es auch nicht zu viele Hennen sein, damit der Hahn auch seinen Aufgaben nachkommen kann.

1 Hähne haben viele Jobs: Aufpassen, auf Futter hinweisen, Hennen beglücken.

2 Gerne erkundet der Hahn mit seiner Lieblingshenne den Garten.

Ein Jahr mit Hühnern

von Mandy

Als ich bei meinem Freund Ralf ins Haus einzog, wohnten im Garten zwei alte Hühner. Ich war schon immer tieraffin, aber Hühner waren für mich ein neues Kapitel. Schnell übernahm ich die Versorgung der beiden Hühner, und da Ralf früher immer grüne Eier zum Frühstück mitbrachte, wollte ich unbedingt Grünleger. Ich fuhr zur nächsten Ausstellung und kaufte mir dort die einzige Araucana Henne und noch drei weitere Hennen. Bei den sechs Hühnern sollte es bleiben ...
Die Araucana bekam jedoch einige Monate später Verstärkung von zwei Schwestern. Als ich gelesen hatte, dass es auch olivfarbene und schokobraune Eier gibt, musste ich wieder aufstocken – ich holte mir fünf Buntleger-Küken und zwei Marans Hennen. Aus Küken wurden Hühner und meine Eier wurden immer bunter. Als der Stall zu klein wurde und von Milben besetzt war, bauten wir einen alten Wohnwagen aus. Im Herbst gestalteten wir den Freilauf neu und deutlich größer. Nun war Platz für mehr Hühner. Ich holte im Frühjahr einen Zuchtstamm Schwedische Isbar, die in einem separaten Stall und Gehege wohnen, und aktuell sind alle Glucken- und Kükenställe wieder besetzt. Die Hühnerobergrenze wird regelmäßig neu verhandelt.

Mein Rat an Neu-Hühnerhalter: Baut den Stall größer. Es bleibt nicht bei sechs Hühnern.

MEIN STALL

Im Stall habe ich alle Einstreuarten ausprobiert. Späne saugen zwar gut auf, behalten jedoch die Feuchtigkeit, sodass einige Hühner im Winter Schnupfen bekamen. Das bekommt man zwar mit Hausmitteln gut in den Griff, ist aber auf Dauer nicht gut. Schlussendlich bin ich bei Sand angekommen – den kann ich täglich gut reinigen und auch ein Stalldesinfektionspuder daruntermischen. Prophylaktisch und wenn der Befall nicht stark ist, hat sich feine Kieselgur bewährt. Die verteile ich 1x wöchentlich im Stall und im Staubbad der Hühner. Wenn der Befall zu stark ist, hilft nur ein verschreibungspflichtiges Medikament vom Tierarzt.
In den Legenestern nutze ich ausschließlich Heu. Das duftet gut und bietet keinen Schutzraum für Milben wie beispielsweise Stroh. Dennoch streue ich auch hier regelmäßig Kieselgur hinein. Auserwählt aus vielen Legemöglichkeiten haben die Damen einen mit Heu randvoll bestückten 30-Liter-Eimer, einen kleinen Außenstall, der tagsüber schön dunkel ist und Platz zum Verstecken bietet, und eine Katzentoilette mit Deckel, die im Außengehege steht.

HÜHNERHALTUNG – LOS GEHT'S

NEUES ZUHAUSE

Die neue Umgebung dürfen die Hühner erst nach einer Eingewöhnungszeit erkunden.

Einzug der Hühner

Alle Entscheidungen sind getroffen und alle Vorbereitungen sind abgeschlossen. Nun können die Hühner einziehen. Auf geht's zum Hühnerhändler Ihrer Wahl.

Für den Transport sollten Sie einen festen Karton vorbereiten. Er sollte nicht zu klein, aber auch nicht zu groß sein, damit die Hühner während der Fahrt nicht hin- und herrutschen. Zudem sollte er mit ausreichend vielen Luftlöchern versehen sein. Wer eine Katzen- oder Hundetransportbox sein Eigen nennt, kann auch diese wunderbar für den Hühnertransport verwenden. Eventuell lohnt sich auch die Anschaffung einer speziellen Geflügeltransportkiste, die dann später auch für die Fahrten zum Tierarzt genutzt werden kann. Übrigens, die Hühner werden sich unterwegs ganz ruhig verhalten und kaum einen Laut von sich geben. Keine Angst, das ist ein normales Verhalten, es geht ihnen trotzdem gut.

GANZ SCHÖN AUFREGEND

Mit dem Umzug ändert sich für die Tiere nicht nur das Umfeld, also der Stall, die Außenanlage, die Fütterung, sondern vor allem auch der Halter, also Sie. Gehen Sie deshalb behutsam mit den Junghennen um, und vermeiden Sie Schrecksituationen, z. B. sollten Sie den ersten Kontakt mit anderen Haustieren unbedingt noch einige Tage hinauszögern.

EINGEWÖHNUNG IM FESTEN STALL

Wenn Sie sich für einen festen Hühnerstall mit Voliere oder Auslauf entschieden haben, verschließen Sie vorerst die Hühnerklappe nach außen, denn den Außenbereich sollen die Neuankömmlinge erst frühestens am nächsten oder übernächsten Tag erkunden, wenn sie sich in ihrem neuen Zuhause sicherer fühlen. Hühnerfutter und frisches Wasser sollten bereitstehen. Nun setzen Sie alle Hühner behutsam in den Stall. Die Hühner werden zuerst noch sehr ängstlich sein und sich eventuell alle in eine Ecke zusammenkauern. Das gibt sich aber mit der Zeit ganz von allein, und sie werden beginnen, den Stall zu erkunden. Die Nacht verbringen die Hühner vielleicht noch nicht auf der Sitzstange, sondern schlafen auf dem Boden. Auch das wird sich in den kommenden Nächten geben und sie werden ihren Schlafplatz aufsuchen.

EINGEWÖHNUNG IM MOBILEN STALL

Falls Sie sich für einen mobilen Stall, wie z. B. den Eglu Cube entschieden haben, verschließen Sie auch diesen vor dem Einstallen und öffnen Sie die Hühnerklappe erst nach ein bis zwei Stunden, damit dann das Gehege von

1 Neugierig wird die neue Umgebung erkundet.

2 Hühner werden auch zahm und fressen aus der Hand.

1

2

den Hühnern erkundet werden kann. Bitte kontrollieren Sie in den ersten Tagen nach Einbruch der Dämmerung vor dem Schließen der Hühnerklappe, ob alle Tiere den Weg zurück in den Stall gefunden haben. Andernfalls setzen Sie die zurückgebliebenen Tiere von Hand in den Stall. Hühner sind fast nachtblind und können beherzt gegriffen werden.
In den folgenden Tagen werden die Hühner immer sicherer. Am besten bewegen Sie sich im Stall und im Gehege beim Füttern und Reinigen mit langsamen und ruhigen Bewegungen. Verändern Sie nicht Ihr Aussehen, ich ziehe mir immer meinen Arbeitskittel über, bevor ich die Hühner versorge. Da Hühner sehr gut auf Laute reagieren, denken Sie sich eine Begrüßung aus, wie z. B. „put put put". So werden Sie dann später von Ihren Hühnern erkannt, und sie kommen alle bei diesem Ruf angelaufen. Sollen die Hühner später einmal handzahm werden, so bieten Sie von Anfang an besondere Leckerlies, z. B. lebende Mehlwürmer, mit der ausgestreckten Hand an. Es wird nicht lange dauern und die mutigste unter den Hennen wird nicht mehr widerstehen können.
Mit der Zeit wird sie immer mutiger und nach und nach werden die anderen Hühner es ihr gleich tun. Es gibt natürlich auch Hühner, die gar nicht handzahm werden.

Manchen Hühnern kann man auch Tricks beibringen. Sie kommen auf Ruf angerannt, lassen sich auf den Schoß nehmen oder flattern auf den Kopf oder die Schulter.

Fütterung

Hühner sind Allesfresser und haben somit einen ähnlichen Speiseplan wie wir Menschen, wohl auch geprägt durch die vielen tausend Jahre, in denen Mensch und Huhn nebeneinander lebten.

Teils bekamen die Hühner die Grünabfälle und die Reste vom Küchentisch, und teils mussten sie sich auf dem Hof und auf den umliegenden Wiesen selbst versorgen. Dafür sind die Tiere mit einer hervorragenden Nahsicht recht gut ausgerüstet, um Samen, Beeren, Früchte, Pflanzen sowie Insekten, Würmer, Schnecken und gerne auch mal eine kleine Maus zu erspähen und gezielt aufzupicken. Der dagegen recht gering ausgeprägte Geschmackssinn beschränkt sich auf süß, sauer, salzig und bitter, wird aber durch einen sogenannten „spezifischen Geschmack" ausgeglichen. Dieser ermöglicht es den Hühnern, aus dem Futterangebot gezielt die Bestandteile herauszupicken, die sie benötigen, um Mangelerscheinungen auszugleichen.

Ein Regenwurm ist ein besonderer Leckerbissen, ebenso wie Insekten und Schnecken.

Mit dem Schnabel können Hühner die Nahrung und das Wasser nur aufnehmen, um es dann herunterzuschlucken. Sie können also harte Nahrung weder abbeißen noch kauen, die Nahrung muss also „schnabelgerecht" klein geschnitten oder geraspelt angeboten werden. Mit einer ganzen Karotte können sie wenig anfangen, geraspelt wird sie gerne gefressen und trägt auch noch zu einer schönen Farbe des Eidotters bei. Weiche Nahrung wie Banane oder Melone muss nicht zerkleinert werden. Schwerverdauliches landet zuerst im Kropf des Huhns, auch ein Überangebot an Futter wird hier zwischengeparkt. Wundern Sie sich also nicht, wenn nach einer leckeren Mahlzeit vorne am Hals eine deutliche Verdickung zu sehen

Hühner sind gute Selbstversorger, das senkt die Futterkosten.

TIPP

Füttern Sie immer zur gleichen Uhrzeit, die Hauptfütterung am besten morgens, um den festen Tagesablauf der Hühner nicht zu stören.

ist. Das ist ganz normal, dabei handelt es sich um den gefüllten Kropf, die Verdickung wird nach wenigen Stunden wieder verschwunden sein. Übrigens, Hühner wissen selbst, was ihnen gut tut: Alles, was sie nicht dürfen, werden sie nicht fressen.

FRISCHES WASSER

Die Grundversorgung der Hühner ist gewährleistet, wenn tagsüber ausreichend Wasser und Körnerfutter zur Verfügung stehen. Verwenden Sie frisches Leitungswasser, das den Tieren in einer speziellen Geflügeltränke angeboten wird. Reinigen Sie die Tränke alle zwei Tage, damit sich kein Biofilm bildet. Ein Biofilm ist eine glitschig weiche Schleimschicht, die unter anderem aus Mikroorganismen und Algen besteht, die die Trinkwasserqualität negativ beeinflusst und somit eine Gesundheitsbeeinträchtigung der Tiere darstellt. Stellen Sie die Tränke erhöht auf, z. B. auf einen Ziegelstein, damit die Hühner keinen Schmutz in die Tränke scharren können. Ständig sauberes Wasser ist für Hühner sehr wichtig, schon nach einem Tag ohne Wasser könnten die Tiere in die Mauser verfallen!

KÖRNERFUTTER, MUSCHELGRIT UND LEGEMEHL

Das Körnerfutter wird entweder über runde Futterautomaten oder Futterrinnen verfüttert. Auch diese bitte immer sauber halten und nicht einfach nur neues Futter nachfüllen. Als Körnerfutter bietet der Handel wahlweise eine Körnermischung und Legemehl oder gepresstes Alleinfutter in Form von Pellets an. Die Körnermischung besteht aus Weizen, geschrotetem Mais, Gerste und Muschelschalen und dient als Energielieferant. Das Legemehl besteht aus fein gemahlenen Bestandteilen, die für die Eierproduktion optimiert sind und versorgt die Hühner mit Proteinen, Kohlenhydraten, Mineralstoffen, Spurenelementen, Fetten und Vitaminen. Am besten lassen Sie sich von Ihrem Futterhändler beraten. Ich habe sehr gute Erfahrungen mit folgender Mischung gemacht: 2/3 Legemehl und 1/3 Körnerfutter. Ich füge auch noch Muschelgrit hinzu, da die bereits im Legemehl vorhandene Menge erfahrungsgemäß nicht ausreicht. Anders als bei der Fütterung mit Pellets können die Hühner bei einer Körnerfuttermischung ihren „spezifischen Geschmack" einsetzen.

GRÜNFUTTER

Neben der Grundversorgung benötigen die Hühner täglich frisches Grünfutter, damit sie ausreichend mit Vitaminen versorgt sind. Alles, was bei der Zubereitung von Gemüse und Salaten übrig bleibt, landet in Zukunft nicht mehr auf dem Komposthaufen oder in der Biotonne, sondern wird den Hühnern angeboten. Schnell werden Sie herausfinden, was gern gefressen und was verschmäht wird. Eine weitere Quelle für Frischfutter finden Sie im Supermarkt. In der Frischeabteilung steht meistens eine Sammelkiste für das Grün von Karotten, Blumenkohl, Kohlrabi usw., das in der Regel kostenlos mitgenommen werden darf.
Oft findet man hier auch Obst und Gemüse, das für den Verkauf nicht mehr geeignet ist, sich aber als Frischfutter für die Hühner wunderbar anbietet.

1

2

1 Getrocknete Mehlwürmer, Muschelgritt, Magensteine, Legemehl, Körnerfutter, Pellets (von o. l. nach u. r.)

2 Frisches Grünfutter für die Versorgung mit Vitaminen.

Die Hühner warten schon auf ihre täglichen Leckereien.

Aber Achtung, verschimmelte oder verwelkte Waren dürfen nicht mehr verwendet werden. Besonders freuen sich die Hühner auch über frisch gesammeltes Grünfutter aus der Natur wie z. B. Löwenzahn, Sauerampfer, Vogelmiere und heimische Kräuter (einfach von den Hühnern aus der Hand zupfen lassen). Regen- oder Mehlwürmer – frisch oder getrocknet – sind besondere Leckerbissen. Mit solchen Lieblingswürmern werden die Hühner schnell handzahm, oder man kann Ihnen damit sogar kleine Kunststücke beibringen, z. B. auf den Schoß hüpfen oder flattern.

LECKERLIES

Was für Menschen Süßigkeiten sind, sind für die Hühner Küchenabfälle und gekochte Speisereste. Mit einer Spaghetti im Schnabel ist schon so manche Henne durch das gesamte Gehege gelaufen, um den Leckerbissen vor den anderen Hühnern in Sicherheit zu bringen. Neben Nudeln, Reis oder gekochten Kartoffeln ist auch in Wasser eingeweichtes Brot sehr beliebt. Diese Leckereien dürfen die Hühner allerdings nur in geringen Mengen bekommen, damit sie nicht fett werden und infolgedessen weniger Eier legen.

Was Hühner lieben

- Äpfel, Birnen, Bananen, Beeren, Weintrauben ...
- Gurken, Tomaten, Karotten, Zwiebeln, Kürbis, Rote Bete ...
- Salat, das Grün von Karotten und Kohlrabi
- Blumenkohlstrunk
- Brotreste (hartes Brot vorher in Wasser einweichen)
- Milchprodukte wie Quark oder Hüttenkäse in kleinen Mengen
- Reste vom Küchentisch z. B. gekochte Kartoffeln, Reis oder Nudeln

Was Hühner nicht essen dürfen

- keine stark gewürzten oder gesalzenen Lebensmittelreste
- kein verdorbenes oder verschimmeltes Futter
- keine rohen Kartoffeln oder Kartoffelschalen

Unter Anleitung der Glucke lernen die Küken, Fressbares von Nicht-Fressbarem zu unterscheiden.

- kein Kartoffelstampf (Achtung Erstickungsgefahr!)
- keinen Tee- oder Kaffeesatz
- keine Eierschalen
- keinen Rasenschnitt oder anderes gärendes Grünzeug

MAGENKIESEL UND MUSCHELGRIT

Da Hühner die Nahrung nicht kauen können, vermahlen sie die feste Nahrung im Muskelmagen mithilfe von Magenkiesel. Das sind kleine Steine, die von den Hühnern in ihrem Umfeld gesucht und heruntergeschluckt werden. Muschelgrit besteht aus gemahlenen Muscheln und liefert den für den Aufbau der Eierschale so wichtigen Kalk. Beides ist im Tierfachgeschäft oder bei Ihrem Futterhändler erhältlich. Magenkiesel und Muschelgrit bieten Sie Ihren Hühnern am besten auf unterschiedliche Weise an: über die Körnerfuttermischung, im separaten Futternapf und im Gehege verstreut. So ist gewährleistet, dass sie von allen Hühnern aufgenommen werden, denn ich konnte beobachten, dass einzelne Hühner das Muschelgrit im Körnerfutter verschmähten, aber aus dem separaten Futternapf aufnahmen.

TIPP

Hühnerfutter und Wasser so anbieten, dass es nicht mit Hühnerkot in Berührung kommt. Wenn die Wasserschale im Stall auf dem Boden steht, laufen die Hühner hindurch, und der Kot an den Füßen vermischt sich mit dem Wasser.

Fit duch Sommer und Winter

Bedingt durch den Klimawandel werden die Sommer immer heißer. 2024 war das wärmste Jahr in Deutschland seit Beginn der Wetteraufzeichnungen. Die Folgen sind vielfältig; und auch die Hühnerhaltung steht vor entsprechenden Herausforderungen.

ACHTUNG, HITZE!

Aufgrund fehlender Schweißdrüsen können Hühner schlecht mit hohen Temperaturen umgehen. Bei extremer Hitze sind besondere Maßnahmen notwendig, um einen Hitzetod zu vermeiden. Bei Außentemperaturen ab 28 ° Celsius oder wenn der Wetterdienst eine Warnung wegen starker oder extremer Wärmebelastung für Ihre Region herausgibt, sollten Sie Folgendes beachten:

- Der mobile Hühnerstall muss ganztägig im Schatten stehen und auch im Gehege sollten ganztägig Schattenplätze zur Verfügung stehen.
- Sorgen Sie für eine gute Belüftung der Legebox, um einen Hitzestau während der Eiablage zu vermeiden. Entfernen Sie beispielsweise tagsüber beim Eglu Cube die grüne Klappe zur Eientnahme und setzen Sie diese abends wieder ein, damit die Hühner nachts sicher sind.
- Wechseln Sie mehrmals täglich das Trinkwasser mit kaltem Leitungswasser oder geben Sie Eiswürfel oder Kühlpads ins Trinkwasser. Reinigen Sie bei jedem Wasserwechsel den Wassertrog, da sich Erreger bei hohen Temperaturen schneller vermehren.
- Ein Stück Melone aus dem Kühlschrank sorgt für Erfrischung und wird gern gefressen.

HITZESTRESS

Die Hühner hecheln mit offenem Schnabel und spreizen die Flügel vom Körper ab oder lassen sie hängen, um Wärme abzugeben. Das sind die ersten Anzeichen für einen Hitzestress

Schattenplätze sind im Sommer unverzichtbar und ein Stück gekühlte Melone sorgt für Erfrischung.

in dessen Folge sich die Hühner weniger bewegen, weniger Futter aufnehmen und die Legeleistung nachlässt oder ganz eingestellt wird. Beobachten Sie Ihre Hühner regelmäßig und achten Sie auf folgende Anzeichen:

- Teilnahmslosigkeit oder gar Verlust des Bewusstseins
- Kreislaufkollaps
- Bläuliche Verfärbung des Kamms
- Taumelnder Gang oder Zur-Seite-Fallen

ERSTE HILFE

Jetzt sind unverzüglich folgende Rettungsmaßnahmen notwendig! Fixieren Sie das Huhn vorsichtig am Boden und berieseln Sie es mit kaltem Wasser aus einer Gießkanne. Sollte keine Besserung eintreten, tauchen Sie das Huhn für einige Sekunden behutsam in einen Eimer mit kaltem Wasser (nicht eiskalt) und halten dabei den Kopf über die Wasseroberfläche. Wiederholen Sie den Vorgang so lange, bis eine Besserung eintritt. Sobald die Kerntemperatur des Huhns wieder im normalen Bereich ist, wird es sich sichtlich wohler fühlen. Beobachten Sie Ihre Hühner weiter auf Anzeichen von Überhitzung und ergreifen Sie wiederholt die Maßnahmen, sobald Sie die genannten Anzeichen feststellen.

GESUND DURCH DEN WINTER

Keine Sorge, Hühner kommen mit Kälte besser zurecht als mit den hohen Temperaturen im Hochsommer. Das neue Federkleid nach der Mauser bietet einen hervorragenden Kälteschutz. Nachts wird sich aufgeplustert, durch das entstehende Luftpolster bildet sich ein Thermoschutz rund um das Huhn. Die Deckfedern werden mit einem öligen Sekret aus der Bürzeldrüse eingefettet und bilden so einen guten Schutz gegen Nässe. Im Winter kann das Futter gerne etwas kalorienreicher sein, da für die Aufrechterhaltung der Körperwärme besonders viel Energie erforderlich ist. Am besten erhöhen Sie den Anteil des Körnerfutters in der Futtermischung auf 50 %. Füttern Sie zusätzlich Kraftfutter, frostsicheres Frischfutter wie geraspelte Karotten, Rote Bete und Mehlwürmer. Noch besser eignen sich getrocknete Soldatenfliegenlarven, da sie 50 Mal mehr Calcium als getrocknete Mehlwürmer enthalten und einen höheren Fettanteil haben. Beide sind wichtige Lieferanten für tierisches Eiweiß und Proteine. Jetzt dürfen die Leckereien aus der Küche auch gerne ein wenig mehr sein. Vorbeugend beginne ich bereits im November damit, Vitaminkomplexe in das Trinkwasser und Mineralienzusätze in das Frischfutter zu geben. Damit auch bei Frost

1 Hühner kommen gut mit der Kälte im Winter zurecht.

2 Durch den Schnee laufen Hühner meistens nur ungern.

1

2

sichergestellt ist, dass die Hühner ständigen Zugang zum Trinkwasser haben, wird das Einfrieren der Geflügeltränken durch den Einsatz von Heizplatten verhindert. Bei sehr hohen Minustemperaturen reibe ich die nicht mit Federn bedeckten Körperteile wie Kamm, Kehllappen, Beine und Zehen mit Vaseline ein. Beim Hahn lassen sich kleinere Erfrierungen an den Kammspitzen oft nicht vermeiden. Die schwarz verfärbten Stellen heilen aber meistens wieder gut ab, sobald die Temperatur und somit auch die Durchblutung wieder steigen.

ERGÄNZUNGSMITTEL

Der Handel bietet verschiedene Zusätze, um den Vitamin- und Mineralhaushalt der Hühner zu unterstützen. Außerdem gibt es verschiedene Produkte für die Darmreinigung und zur allgemeinen Unterstützung der Darmflora als Pulver oder Flüssigkeit.

Trinkwasserzusätze

- Kanne Brottrunk (die im Brottrunk enthaltenen Milchsäurebakterien können einen Beitrag zur Vielfalt des Darmmikrobioms leisten. Der Brottrunk enthält neben den Milchsäurebakterien Vitamine und Fermente, viele lebenswichtige essenzielle Aminosäuren und Mineralstoffe.)
- Vitaminextrakte
- Kräuterrezepturen
- Apfelessig

Futterzusätze

- Kräuter in Pulverform
- Mineralfuttermittel
- Muschelgrit
- getrocknete Mehlwürmer

TIPP

Lagern Sie besonders im Winter Ihr Körnerfutter nicht in einem Futtersack, sondern in einer Tonne aus Kunststoff oder in einem anderen nagetiersicheren Behälter mit Deckel, um das Futter vor Räubern wie Mäusen oder Ratten zu schützen.

Reinigung von Stall und Auslauf

Auch wenn die Reinigung des Geheges, des Stalls und des Zubehörs aufwendig ist und sicherlich nicht zu den angenehmsten Arbeiten gehört, ist die Stallhygiene doch sehr wichtig, denn sie beugt Krankheiten und Parasitenbefall vor.

1

AUSSENGEHEGE

Das eingezäunte Außengehege sollte regelmäßig von den Exkrementen befreit werden. Die Hühner bringen beim Scharren oft Glasscherben und andere gefährliche Gegenstände zutage, die unbedingt entfernt werden müssen, damit die Tiere sich nicht daran verletzen. Damit sich die Parasiten in der Erde nicht zu stark vermehren, sollte das Gehege einmal jährlich gekalkt werden. Dazu wird Brandkalk im Gehege ausgebracht (1 kg/m^2), zuerst untergeharkt und dann mehrmals mit Wasser abgelöscht. Tragen Sie dabei Schutzkleidung und beachten Sie die Herstellerangaben! Die Hühner sollten während dieser Arbeiten und auch noch einige Tage danach im Stall bleiben, damit sie sich nicht die Füße verätzen. Für Hühnerhalter mit mobiler Haltung entfällt dieser Schritt.

STALL AUSMISTEN

Zweimal wöchentlich muss das Kotbrett vom Kot befreit werden. Diese Arbeit wird erleichtert, wenn man das Kotbrett zuvor mit alter Zeitung ausgelegt hat. Kot und Zeitung können dann zusammen entsorgt oder kompostiert werden. Holzspäne oder Ähnliches hat sich bei den Übernachtungsställen nicht bewährt, denn an

2

1 Putzutensilien für die Stallreinigung.

2 Das Außengehege sollte regelmäßig vom Kot befreit werden.

TIPP

Wenn Sie den Hühnerkot als Dünger für Ihre Pflanzen verwenden möchten, sollte dieser vor der Verwendung ein Jahr lang kompostiert werden, damit alle schädlichen Keime absterben. Hühnermist eignet sich hervorragend als Universaldünger.

windigen Tagen weht die Streu durch den ganzen Garten, während man das Kotbrett reinigt.

Regelmäßig sollte die gesamte Streu aus dem Stall und den Legenestern entfernt werden, um den Stall danach gründlich auszufegen und die Legenester zu reinigen. Bevor Sie die neue Streu einbringen, haben Sie jetzt die Möglichkeit, den Stall und die Nester zu desinfizieren. Die Sitzstangen sollten abnehmbar sein, um sie erst einzuweichen und dann von den Exkrementen zu befreien. Diese werden vor dem Einbau ebenfalls desinfiziert.

Das richtige Desinfektionsmittel finden Sie im Fachhandel. Entfernen Sie auch überall die eingetrockneten Kotreste, das geht mit einem Kotkratzer am besten.

Futter- und Wasserbehälter reinigen

Alle zwei bis drei Tage sind die Futterbehälter und die Trinkgefäße mit der Reinigung dran. Besonders die Trinkgefäße müssen sich stets in einem hygienisch einwandfreien Zustand befinden, schnell bildet sich sonst der bereits erwähnte Biofilm. Besonders im Sommer vermehren sich die darin befindlichen gefährlichen Erreger und gefährden die Gesundheit der Hühner.

Stallpflicht

Zum Leid aller Hühnerhalter vergeht wohl kaum ein Jahr, ohne dass in den Wintermonaten die Geflügelpest bei toten Wildvögeln entdeckt wird und den Erlass einer Stallpflicht für Hühner durch das Verterinäramt nach sich zieht.

Dabei handelt es sich um eine meistens tödlich verlaufende Virusinfektion mit dem Influenza-A-Erreger. Da es keinen Impfschutz gegen diese Krankheit gibt und um eine Ausbreitung zu verhindern, erlässt das zuständige Veterinäramt eine Stallpflicht zum Schutz für Hausgeflügel. Während der Stallpflicht müssen die Hühner im Stall oder in einem überdachten Bereich gehalten werden. Die Stallpflicht kann sich über viele Wochen hinziehen, darum sollte jeder Hühnerhalter auf diese Situation vorbereitet sein. Bereits bei der Planung der Hühnerhaltung sollten entsprechende bauliche Maßnahmen berück-

ALLES PARAT?

Bereiten Sie für den Fall einer Stallpflicht eine Kunststoffbox mit folgendem Inhalt vor:

- Schutzbekleidung (Einwegoverall)
- Atemschutz
- Füßlinge
- Desinfektionsmittel

Mit diesem Equipment sind Sie gut ausgerüstet, um Ihren Bestand vor dem Erreger der Vogelgrippe zu schützen. Aber keine Sorge, die Ansteckungsgefahr für Menschen ist sehr gering.

sichtigt werden. Die Vorgaben sind dabei regional unterschiedlich, informieren Sie sich deshalb bei dem für Sie zuständigen Veterinäramt. Dort finden Sie auch Informationen zu den Verhaltensregeln und Schutzmaßnahmen für kleine Geflügelbestände.

ÜBERDACHTE VOLIERE

Ich habe zwischen meinem Hühnerstall und dem Auslauf eine Voliere gebaut, die ich zum Auslauf hin bei Bedarf absperren kann. So haben die Hühner während der Stallpflicht wenigstens die Möglichkeit, sich im Freien aufzuhalten, da die Überdachung mit dem vorgeschriebenen Dachüberstand verhindert, dass Kot von überfliegenden Wildvögeln ins Gehege gelangt. Wer einen Eglu Cube besitzt, findet als Zubehör verschiedene Abdeckplanen, die über das Auslaufgehege gespannt werden können. Außerdem bietet der überdachte Bereich einen Wetterschutz bei Starkregen oder bei Schneefall.

Ein Stall mit überdachter Voliere erleichtert die Haltung während einer Stallpflicht.

1

2

3

1 Ungeduldig wird gewartet, bis das Lieblingsnest frei wird.

2 Fünf Legehennen legen durchschnittlich 2–4 Eier pro Tag.

3 Hennen mit hellen Ohrscheiben legen meist helle Eier, Tiere mit roten Ohrscheiben farbige.

Selbstversorgung mit Eiern und Fleisch

Meine Frau sagt immer so schön: „Ich gebe ihnen altes Brot, und sie geben mir dafür Eier." Welches Haustier kann das tolle Gefühl schon toppen, wenn man ein warmes Ei aus dem Nest nimmt?

Umweltskandale und Bilder aus der Massentierhaltung lassen einem doch wirklich den Appetit auf Eier vergehen. Was für ein tolles Gefühl ist es dagegen, ein noch warmes Ei aus dem Nest zu sammeln, um es am Sonntag auf dem Frühstückstisch wiederzufinden. Und natürlich schmecken die Eier von den eigenen Hühnern am besten, keine Frage!

DER GESCHMACK DER EIER

Übrigens ist der Geschmack der Eier nicht von der Rasse oder der Farbe abhängig, sondern von der Ernährung der Hühner. Wer seinen Hühnern neben einer ausgewogenen Kost auch verschiedene Kräuter anbietet, wird sich über einen besonders guten Geschmack der Eier freuen können. Mit der Fütterung von Karotten oder Rote Bete wird man mit einem besonders farbkräftigen Eigelb belohnt. Wenn Sie sich für eine gemischte Hühnergruppe mit unterschiedlichen Rassen entschieden haben, so bestehen auch Ihre Eier aus einer bunten Farbmischung. Von dunkelbraun bis beige, von weiß über Pastelltöne bis hin zum grünen oder gesprenkelten Ei ist alles möglich. Ganz nebenbei erspart man sich zu Ostern das Färben der Eier.

HÜHNEROHREN UND EIERFARBE?

Übrigens kann man an der Farbe der Ohrscheibe des Huhns erkennen, ob es weiße oder farbige Eier legt. Hühner mit einer weißen Ohrscheibe legen weiße Eier, Hühner mit einer roten Ohrscheibe farbige Eier. Welche Farbe die Eier haben, ist von der Rasse abhängig. Ebenfalls rassebedingt gibt es farbige Eier mit einer durch und durch farbigen Schale oder Eier mit einer äußeren Farbschicht. Wundern Sie sich nicht, wenn diese beim Reinigen der Eier etwas abfärbt.

Hennen haben es gerne dunkel bei der Eiablage.

EIABLAGE UND LAGERUNG

Die Eiablage findet im Lauf des Vormittags statt. Nachdem Sie gegen Mittag die Eier eingesammelt haben, sollten Sie diese mindestens einen Tag vor dem Verzehr liegen lassen. Das Eiweiß muss sich erst setzen, als Frühstücksei hat das Eiweiß sonst eine ungewohnte Struktur. Eier sind ungekühlt mindestens 2 Wochen und gekühlt 4 Wochen haltbar. Einmal im Kühlschrank gelagert, darf die Kühlkette nicht mehr unterbrochen werden.

VON LEGELEISTUNG UND ÜBERRASCHUNGSEIERN

Je nach Rasse legen Legehennen bis zu 240 Eier im Jahr, Hybridhühner kommen sogar auf über 300. Die Legeleistung wird unter anderem durch das Alter und den Gesundheitszustand des Huhns, die Ernährung, die Jahreszeit und den damit verbundenen Lichtverhältnissen beeinflusst. So lässt die Legeleistung mit steigendem Alter des Huhns langsam nach, Hybridhühner legen nach zwei Jahren überhaupt nicht mehr. Während der Mauser und der Brut legen Hühner grundsätzlich keine Eier.
Das Gewicht der Hühnereier liegt im Normalfall bei 55 bis 65 Gramm. Doch Ausnahmen bestätigen bekanntlich die Regel. Junghennen legen während der ersten Legeperiode sogenannte Junghennen-Eier mit einem Gewicht deutlich unter 50 Gramm. Auch Zwerghühner legen erheblich kleinere und somit leichtere Eier. Außerdem hält die Natur so manche

Junghennen sind erst ab fünf Wochen legereif und legen anfangs kleinere Eier.

1

2

Überraschung bereit. So kann es vorkommen, dass sie im Nest deutlich kleinere, sogenannte Spareier, ganz ohne Dotter oder auch übergroße Eier mit Mehrfachdotter finden. Auch Eier mit rauer oder dünner Schale können vorkommen oder auch die sogenannten Windeier, die keine oder eine extrem dünne Schale haben. Häufig ist Kalziummangel der Grund für Windeier, geben Sie deshalb ausreichend Muschelgrit und Futterkalk dem Futter bei. Eier mit deformierter Schale können auf Krankheiten zurückzuführen sein (siehe auch Hühnerschnupfen Seite 84).

SELBSTVERSORGUNG MIT FLEISCH

Auch wenn es den meisten Hobbyhaltern aus den unterschiedlichsten Gründen schwerfallen wird, die eigenen Hühner zu essen, erwartet Sie wohlschmeckendes Fleisch von einem Tier, von dem Sie genau wissen, wie es ernährt und gehalten wurde. Wenn Sie sich und Ihre Familie mit Fleisch von eigenen Hühnern versorgen wollen, dann sollten Sie sich für eine Fleischrasse oder ein Zweinutzungshuhn entscheiden, da Lege- und Hybridhennen einen so geringen Fleischansatz haben, dass sie sich

3

nicht einmal als Suppenhuhn eignen. Ein gutes Beispiel für ein Zweinutzungshuhn ist die Rasse Sussex. Die Legeleistung ist ganz ordentlich, und zudem bietet diese Rasse einen guten Fleischansatz mit sehr wohlschmeckendem Fleisch.
Wenn die Legeleistung bei Hennen nachlässt oder bei einer Brut zu viele Hähne dabei waren, können Sie für ein paar wenige Euro Ihre Hühner in einer Geflügelschlachterei in Ihrer Nähe fachgerecht schlachten, ausnehmen und rupfen lassen. Sie bekommen das Huhn küchenfertig wieder zurück, einfacher geht es nicht. Wer tatsächlich selbst schlachten will, findet in dem Buch „Hühner halten – artgerecht und natürlich" (KOSMOS Verlag) ein eigenes Kapitel mit wertvollen Informationen zu diesem Thema. Übrigens kommen nur gesunde Hühner für eine Schlachtung infrage. Alte und kranke Tiere oder Tiere, die aus ungeklärten Gründen gestorben sind, sind für den Verzehr auf keinen Fall geeignet und müssen entsorgt bzw. bestattet werden. Ein einzelner Kadaver darf im Garten begraben werden, ansonsten müssen tote Tiere der Tierkörperbeseitigungsanstalt oder einem Spezialbetrieb für die ordnungsgemäße Beseitigung zugeführt werden.

1 Jeden Morgen in den Stall zu gehen und die frisch gelegten Eier einzusammeln, macht Spaß.

2 Übergroße Eier haben meistens zwei Dotter.

3 Hühner sind für viele Hobbyhalter zum geliebten Haustier geworden und dürfen oft eines natürlichen Todes sterben.

Brutstimmung, Naturbrut und Aufzucht

Hühner legen naturgemäß so lange Eier, bis ein Gelege von 8–10 Eiern zusammen gekommen ist. Durch den Druck der Eier auf die Brust der Henne wird der Brutmodus hormonell ausgelöst.

Die Henne ist nun in Brutstimmung und will die nächsten 21 Tage ihre Eier ausbrüten. Der Zustand, in dem die Glucke während der Brutstimmung ist, wird gluckig oder auch brütig genannt. Diesen Zustand erkennt man daran, dass die Glucke sich aufplustert, sich nicht vom Nest verscheuchen lässt und dabei auch recht wehrhaft sein kann. Sie ist kaum wiederzuerkennen. Auch ihre Laute haben sich verändert. Nun steht Ihre Entscheidung an, ob Sie sich für eine Naturbrut entscheiden oder ob Sie den Brutvorgang abbrechen wollen!

BRUTMODUS UNTERBRECHEN

Wenn Sie den Brutvorgang abbrechen wollen, bedarf es einiger Maßnahmen, um den Brutmodus der Henne wieder abzuschalten. Andernfalls würde die Glucke selbst auf einem leeren Nest weiterbrüten. Zuerst entfernen Sie alle Eier aus allen Nestern. Abends nehmen Sie die Glucke aus dem Gehege und setzen sie in eine geeignete Übernachtungsbox, z. B. eine Katzenbox oder in eine Geflügeltransportkiste ohne Einstreu, Futter und Wasser, aber in Hörweite der anderen Hühner. Am nächsten Morgen wird die Glucke gefüttert und mit Wasser versorgt. Nachdem Sie mittags alle Eier eingesammelt haben, darf die Glucke wieder ins Gehege. So vermeiden Sie, dass die Glucke die frisch gelegten Eier bebrütet und dass sie sich von der Gruppe entfremdet. Abends kommt sie wieder in die Übernachtungsbox. Das machen Sie so lange, bis sich die Henne wieder normal verhält. Diese Prozedur kann einige Tage dauern.

SO BITTE NICHT

Es kursieren schauderhafte Ideen, um eine Henne zu „entglucken“, z. B. die Henne in kaltes Wasser tauchen oder über Nacht in einem Sack kopfüber an die Decke hängen. Diese Ideen sind damals aus Unwissenheit entstanden. Von solchen, für die Tiere grausamen Aktionen sollten Sie unbedingt Abstand nehmen, sie sind tierschutzrelevant und führen ohnehin nicht zum erhofften Erfolg. Vielmehr braucht eine Henne während der Brutstimmung Ihre ganz besondere Aufmerksamkeit und Zuwendung.

VORBEREITUNGEN FÜR DAS BRUTGESCHÄFT

Wenn Sie sich für eine Naturbrut entscheiden, prüfen Sie bitte, ob Sie auch ausreichend Zeit haben, um sich täglich um die Glucke während der Brut zu kümmern und anschließend die Aufzucht der Küken zu begleiten.
Für das Brutgeschäft eignet sich das vorhandene Legenest. Das Nest wird vorher gründlich gereinigt und gegebenenfalls desinfiziert. Die Nesteinlage wird erneuert und mit Kieselgur gegen Parasiten geschützt. Sollten die anderen Hühner die Glucke während der Brut stören oder Eier in das Brutnest nachlegen, können Sie den Bereich abgetrennen, oder die Glucke zieht in einen separaten Käfig um.
In jedem Fall muss der Zugang zu Futter, Wasser und zu einem Sandbad gewährleistet sein. Prüfen Sie auch, ob die Küken nach dem Schlupf sicher sind und z. B. nicht durch ein zu grobmaschiges Gitter aus dem Käfig schlüpfen können. Viele Gefahren lauern außerhalb des Käfigs auf die Küken.

Eine Henne in Brutstimmung nennt man Glucke.

1

2

3

GEEIGNETE EIER

An dem Tag, an dem die Glucke mit dem Brüten beginnt, haben Sie die Möglichkeit, Eier auszusortieren oder Fremdeier hinzuzufügen. Denn Eier mit deformierter oder rauer Schale, besonders kleine oder übergroße Eier eignen sich nicht für die Brut und werden entfernt. Im Gegenzug können Sie das Gelege mit anderen Eiern auffüllen, die Glucke wird in der Regel nicht wählerisch sein. Wie viele Eier maximal ins Gehege kommen, hängt von der Größe der Henne und der durchschnittlichen Eiergröße ab, sollte aber selbst bei einer großen Henne 15 Eier nicht überschreiten.

VOR LAUTER BRÜTEN …

Beobachten Sie die Glucke, ob sie mindestens zweimal täglich das Nest verlässt, um Kot abzusetzen, zu trinken und zu fressen. Denn es kann vorkommen, dass sich die Glucke auf dem Nest „festsetzt", weder trinkt noch frisst und das Gelege vollkotet. Nun ist es Ihre Aufgabe, die Glucke vormittags und nachmittags vom Nest zu nehmen und an die Futterstelle zu bringen. Verschmutzte Eier müssen bei der Gelegenheit vorsichtig vom Kot befreit werden. Den Rückweg zum Gelege findet die Glucke nach der Nahrungsaufnahme meistens von selbst.

1 Die Glucke wacht aufmerksam über ihre Küken.

2 Kaum einen Tag alt und schon so ein süßes, flauschiges Federbällchen.

3 Die Küken lernen für ihr zukünftiges Leben von der Glucke.

SCHLUPF

Kurz vor dem Schlupf kündigen sich die Küken durch leises Piepsen im Ei an. Am 21. Tag bahnen sie sich mithilfe des Eizahns auf der Schnabeloberseite den Weg durch die Eierschale. Bitte helfen Sie dabei nicht nach. Küken, die es nicht allein schaffen, sind in der Regel nicht überlebensfähig. Nach einer kurzen Trockenzeit wird der Federflaum sichtbar. Möglicherweise bekommen Sie vom Schlupf nichts mit, weil die Glucke die Sicht versperrt. Sie sehen sie, wenn die Glucke die Küken zum Futter führt. Als Nestflüchter präsentieren sich die Küken fix und fertig als süße kleine Federbällchen.

GUTE MÜTTER

Bei der Naturbrut wird die Glucke den Küken alles beibringen, was für sie wichtig ist. Bieten Sie das erste Futter für die Küken auf einem kleinen Brett an. Spezielles Kükenfutter wird im Handel angeboten. Wenn es nicht auf Anhieb klappen sollte, können Sie mit der Fingerspitze auf das Brett klopfen, um die Küken anzulocken und zur Futteraufnahme zu animieren. Wenn die Glucke und die Küken sich gerade nicht im Nest befinden, haben Sie die Möglichkeit, das Nest zu reinigen und die Eierschalen und den Kot zu entfernen. Wichtig ist, dass die Küken immer die Glucke aufsuchen können, um sich zu wärmen, da sie sonst schnell lebensbedrohlich auskühlen könnten. Empfehlenswert ist es, die Eintagsküken gegen die Marieksche Lähme zu impfen. Das ist eine Viruserkrankung der Küken und Jungtiere, ein späterer Impftermin ist nicht möglich. Vor der Impfung dürfen die Küken nicht mit den Alttieren und deren Federstaub in Kontakt kommen. Besprechen Sie dieses Thema mit Ihrem Tierarzt, der die Impfung per Injektion ausführen wird, und vereinbaren Sie einen Impftermin in den ersten 24 Stunden nach dem Schlupf. Ab der dritten Woche nach dem Schlupf kann die junge Familie in einen eigenen Auslauf umziehen oder von Ihnen beaufsichtigt den Garten erkunden. Frühestens nach ca. acht Wochen kann der Nachwuchs dann in die bestehende Hühnergruppe integriert werden.

Direkt nach dem Schlupf sind die Federn noch feucht, jetzt ist eine Wärmequelle besonders wichtig.

Gesundheit

Wer Hühner halten möchte, muss sich wohl oder übel auch mit dem Thema Hühnerkrankheiten auseinandersetzen. In der Landwirtschaft wurden kranke Hühner einfach gekeult, heute hängt man jedoch an den Tieren und ist darum gerne bereit, für deren Heilung zu sorgen.

Der Weg zum Tierarzt ist jedoch kostspielig und oftmals gar nicht notwendig, wenn man sich mit den wichtigsten Hühnerkrankheiten ein wenig befasst hat.

VORBEUGEN

„Vorbeugen ist besser als bohren", und was für die Zahnmedizin gilt, findet auch bei der Hühnerhaltung seine Gültigkeit. Eine ausgewogene Ernährung, gute Haltungsbedingungen, die Einhaltung der Hygiene und regelmäßige Impfungen lassen es erst gar nicht so weit kommen. Aber auch bei den besten Voraussetzungen ist die Gefahr der Ansteckung durch Wildvögel nie ganz ausgeschlossen. Darum sollten Sie regelmäßig Gesundheitsprüfungen bei jedem einzelnen Huhn durchführen, um Symptome zu erkennen und rechtzeitig geeignete Maßnahmen einzuleiten. Die ersten Anzeichen für eine Erkrankung erkennt man an den unterschiedlichsten allgemeinen Auffälligkeiten wie:

- Nachlassen der Legeleistung
- Apathie und Absonderung von der übrigen Gruppe
- Wasser- und Futterverweigerung mit einhergehender Abmagerung
- Übermäßiges Trinken

Eine artgerechte Haltung, abwechslungsreiches Futter und eine Gesundheitsvorsorge wie Impfungen sorgen für gesunde Hühner.

- Nasenausfluss, Niesen, Husten und Atemgeräusche
- Geschwollener Nasenbereich und geschwollene Augenpartie
- Verklebte Federn im Bereich der Kloake

ISOLIERSTATION

Wenn ein Huhn solche oder ähnliche Auffälligkeiten zeigt, sollte es sofort von den übrigen Hühnern getrennt werden, um eine Ansteckung zu vermeiden. Richten Sie sich dazu eine kleine Isolierstation in Form eines ausgedienten Käfigs ein. Auch das Anlegen einer Apotheke mit den wichtigsten Utensilien wie Einweghandschuhe, Pinzette, Schere, verschieden große Spritzen zum Dosieren und Verabreichen von Flüssigkeiten, Verbandsmull, Wundsalbe, Wasserstoffperoxid, Blauspray, Ballistol Spray und Vaseline ist sinnvoll.
Nun obliegt es Ihnen als Halter, welche weiteren Schritte Sie einleiten. Ob Sie selbst Maßnahmen ergreifen oder den Besuch eines Tierarztes in Erwägung ziehen, hängt ganz von der Erkrankung ab. Inspizieren Sie das erkrankte Huhn genau und versuchen Sie, die Symptome einer Krankheit zuzuordnen.

HÜHNER RICHTIG GREIFEN

Es gibt verschiedene Gründe, weshalb Sie Ihre Hühner einfangen und festhalten müssen, z. B. für Gesundheits-Checks, bei Krankheiten, Verletzungen oder bei Befall mit Parasiten, für Fahrten zum Tierarzt oder bei einer Umstallung.

SCHRITT 1

Breiten Sie Ihre Arme nach beiden Seiten aus, gehen Sie langsam auf das einzufangende Huhn zu und treiben es in eine Ecke des Geheges oder des Stalls. Machen Sie dabei keine hektischen Bewegungen und bleiben Sie ganz ruhig. Immer wenn ein Huhn zu einer Seite fliehen will, heben oder wedeln Sie mit der entsprechenden Hand, um den Fluchtversuch zu verhindern.

SCHRITT 2

Sobald Sie nah genug an das Tier herangekommen sind, machen Sie den letzten Schritt zügig und greifen dann beherzt zu.

SCHRITT 3

Dabei ist es wichtig, dass Sie das Huhn so in den Griff bekommen, dass die Flügel von Ihren Händen umschlossen sind, damit es nicht flattert. Sollte Ihnen das nicht auf Anhieb gelingen, wird das Huhn heftig mit den Flügeln schlagen, um zu fliehen. Halten Sie das Huhn am Boden und verharren Sie so einen Moment, bis es sich beruhigt hat. Nun können Sie zuerst mit der einen Hand und dann mit der anderen umgreifen, um die Flügel zu fixieren.

SCHRITT 4

Als nächstes versuchen Sie eine Hand sanft unter den Bauch des Huhns zu schieben und zwar so, dass sich Ihr Ring- und Mittelfinger zwischen den Ständern befindet (so heißen die Beine eines Huhns). Mit der anderen Hand können Sie nun das Huhn sanft streicheln und beruhigen.

SCHRITT 5

Um das Huhn sicher im Griff zu haben, z. B. um es zu untersuchen oder zu behandeln, klemmen Sie es sich einfach unter den Arm und umfassen mit der Hand locker den Hals. Sie können in dieser Position auch den Kopf festhalten, um ein Medikament in den Schnabel zu verabreichen.

SCHRITT 6

Es kann notwendig sein, das Huhn kopfüber zu halten, um es mit Spray oder Puder zu behandeln. Dazu klemmen Sie sich das Huhn unter den rechten Arm und umfassen mit der linken Hand beide Ständer. Drehen Sie das Huhn nun kopfüber. Es wird sofort heftig mit den Flügeln schlagen und dabei versuchen, mit dem Kopf zu Ihrer linken Hand hochzukommen. Drücken Sie jetzt mit der rechten Hand den Kopf sachte nach unten. Nun warten Sie, bis sich das Huhn entspannt, die Flügel ausgestreckt hat und in der Position verharrt. Jetzt können Sie den Kopf loslassen und haben die rechte Hand frei für Ihr Vorhaben.
Schnell werden sich die Hühner an diese Prozedur gewöhnen und auch Sie werden immer routinierter.

ÜBERSICHT DER WICHTIGSTEN HÜHNERKRANKHEITEN

Kokzidiose

Ursache Parasitäre Infektion des Darmtraktes.
Vorbeugung Achten Sie auf eine nicht zu hohe Besatzdichte und auf eine ausreichende Hygiene. Eine Impfung ist möglich.
Symptome Appetitlosigkeit, Abgeschlagenheit, Abmagerung, blutiger Durchfall bei Küken.
Behandlung Nur durch den Tierarzt.

Marekscher Lähme

Ursache Viruserkrankung der Küken und Jungtiere
Vorbeugung Impfung der Eintagsküken.
Symptome Lähmungserscheinungen, unkoordinierte Bewegungen, Krämpfe.
Behandlung Keine, die Krankheit verläuft in der Regel tödlich.

Newcastle-Krankheit (Geflügelpest)

Ursache Viruserkrankung aller Altersklassen.
Vorbeugung Eine regelmäßige Pflichtimpfung ist gesetzlich vorgeschrieben.
Symptome Übermäßiges Trinken, ansonsten kaum einheitliche Symptome.
Behandlung Keine, Krankheit verläuft tödlich.

Vogelgrippe (Aviäre Influenza)

Ursache Grippaler Infekt, anzeigepflichtige Seuche.
Vorbeugung Erlassen der Stallpflicht durch das zuständige Veterinäramt.
Symptome Vielfältige Symptome.
Behandlung Keine, bis zu 50% der infizierten Tiere sterben.

Listeriose

Ursache Ratten und andere Nager sind potenzielle Krankheitsüberträger, dazu gehört auch die Übertragung von Listerien. Die Hühner fressen den Kot der Ratten. Auf diesem Weg werden Listerien auf die Hühner übertragen, aber auch im Erdreich befinden sich die Erreger. Listerien sind Bakterien, die bei Tier und Mensch eine Infektionskrankheit auslösen. Listeriose ist meldepflichtig. Hühner mit Listeriose dürfen nicht verzehrt werden, da sich die Listerien auf diesem Weg auf den Menschen übertragen würden (Zoonose).
Vorbeugung Lassen Sie keine Futterreste über Nacht im Gehege. Damit der Stall rattensicher ist, müssen alle Öffnungen mit Kükendraht verschlossen werden. Verwenden Sie feinmaschigen Draht.
Symptome Unspezifische Symptome und plötzliche Todesfälle bei einzelnen Tieren.
Maßnahmen und Behandlung Die Hühner müssen für einen längeren Zeitraum den Stall verlassen und in eine Notunterkunft umziehen. Die erkrankten Tiere werden mit Antibiotika behandelt. Der Stall muss mehrmals äußerst gründlich desinfiziert werden. Und natürlich muss man das Rattenproblem als solches beseitigen. Eventuell sollte ein Schädlingsbekämpfer zurate gezogen werden.

Hühnerschnupfen

Ursache Gerade in den Wintermonaten sind Hühner besonders anfällig für Erkrankungen der Atemwegsorgane. Tatsächlich handelt es sich dabei um eine Vielzahl von Infektionskrankheiten verursacht durch verschiedene Viren oder Bakterien. Eine genaue Diagnose kann nur der Tierarzt durchführen. Besonders häufig kommt die Infektiöse Bronchitis

(IB) vor, für die die Tiere in jedem Alter empfänglich sind und die durch die typisch deformierten Eierschalen gut zu diagnostizieren ist.
Vorbeugung Zugabe eines Vitaminkonzentrats mit den Vitaminen A, D, E, C über das Trinkwasser während der kalten Jahreszeit, um die Widerstandskraft der Tiere zu erhöhen. Auch die Fütterung von Ingwer ist empfehlenswert. Ingwer wirkt antibakteriell und entzündungshemmend. Klein gehackt nehmen die Hühner den Ingwer gut auf. Eine Impfung ist erst nach Feststellung des Erregerstamms durch den Tierarzt möglich.
Symptome Niesen, Husten, Atemgeräusche, Nasenausfluss, Augenentzündung.
Behandlung Ich habe sehr gute Erfahrungen mit der Verabreichung von Echinacea und Engystol gemacht (für Einzeltiere oral oder für den gesamten Bestand über das Trinkwasser). Besonders bewährt hat sich die Gabe von Tylo-Suscit durch den Tierarzt. Dieses hellgelbe Granulat wird über das Trinkwasser verabreicht und hat keine Wartezeit für die Eier, jedoch 2 Tage für das essbare Gewebe, sprich das Hühnerfleisch.

Augenentzündung

Ursache Meistens eine Begleiterscheinung bei Hühnerschnupfen.
Vorbeugung Trockene Einstreu und ausreichende

1

2

3

1 Eine Impfung gegen Mareksche Lähme ist nur am ersten Tag möglich.

2 Mit ausreichender Vitaminversorgung kommen Hühner gut durch den Winter.

3 Augenentzündungen werden mit einer Augensalbe behandelt.

Belüftung des Hühnerstalls auch im Winter, aber keine Zugluft.
Symptome Wässriger bis eitriger Ausfluss mit Krustenbildung und Schwellung des Augenlids.
Behandlung Entfernen der Absonderungen und mehrfache unregelmäßige Anwendung einer antibakteriell wirkenden Augensalbe.

ENDOPARASITEN

Wurmbefall

Ursache Die meisten Wurmarten leben in Symbiose mit ihrem Wirt. Erst wenn die Anzahl der Parasiten überhandnimmt, wird die Gesundheit des betroffenen Huhns beeinträchtigt.
Vorbeugung Das Futter darf nicht mit dem Kot der Hühner in Berührung kommen. Das Gehege vom Kot befreien, den Auslauf zusätzlich einmal jährlich kalken, Gitter über dem Kotbrett anbringen, „AniForte Wurmformel" über das Futter und „Kanne Brottrunk" über das Trinkwasser verabreichen.
Symptome Durchfall, Blut und Schleim im Kot, verklebte Federn im Bereich der Kloake, blasser Kamm und Rückgang der Legeleistung.
Behandlung Wurmkur durch den Tierarzt. Da bei einer Wurmkur nur die Würmer und nicht die Eier eliminiert werden, ist es wichtig, den Anweisungen des Arztes für die Länge bzw. Wiederholung der Verabreichung genau Folge zu leisten. Weiterhin ist auf die Wartezeit für die Verwendung der Eier zu achten, besser noch ist eine Verwendung eines Entwurmungsmittel ohne Wartezeiten, z. B. mit dem Wirkstoff Flubendazol. Wer den unerwünschten Nebenwirkungen einer chemischen Wurmkur ausweichen möchte, kann sich für natürliche Alternativen entscheiden. Hier haben sich neben den im Handel angebotenen speziellen Kräutermischungen auch Kürbiskernmehl, Apfelessig und Karottenraspel als Entwurmungsmittel bewährt. Beispielsweise besteht AniForte Wurmformel aus natürlichen Inhaltsstoffen, wirkt schonend und beschädigt nicht die Mikroflora des Darms.

EKTOPARASITEN

Rote Vogelmilbe

Der häufigste Grund für die Aufgabe einer Hühnerhaltung ist der Milbenbefall. Die Übertragung findet meistens über Wildvögel statt, die das Außengelände der Hühner besuchen. Die Roten Vogelmilben leben nicht am Wirt, sondern im Stall und kriechen des Nachts unter den Sitzstangen entlang zu den Hühnern, um ihnen das Blut auszusaugen.

Anschließend kehren sie in den Stall zurück. Bei hohen Außentemperaturen wächst die Population stark an, – sie kann sich innerhalb kurzer Zeit rasant vermehren –, sodass sich nachts eine riesige Menge Milben über die Hühner hermacht. Es kann sogar vorkommen, dass Hühner über Nacht den hohen Blutverlust nicht überleben. Im Winter gibt es übrigens keine Vermehrung. Die Milben sind zwar auch mit dem bloßen Auge erkennbar, meistens stellt man den Befall aber erst fest, wenn man beim Aufenthalt im Stall oder bei der Entnahme der Eier ein Kribbeln auf der Haut spürt. Aber keine Angst, nach einer gründlichen Dusche ist alles wieder gut. Erfahrene Hühnerhalter erkennen einen Milbenbefall schon am unangenehmen Geruch. Sind die Milben einmal im Stall, sind sie schwerlich wieder wegzubekommen.

Vorbeugung Die wichtigste Vorbeugung ist die Verwendung von Cumbasil® Mite im Staubbad (siehe auch Kapitel Siesta, Körperpflege, Staub- und Sonnenbad Seite 116 f.), da die Milben nach einem Besuch der Hühner mit dem im Federkleid anhaftenden Mineralpulver in Verbindung kommen und sterben. Leider verschmähen manche Hühner das Staubbad. In dem Fall muss dieses Huhn gegriffen werden, um es zu behandeln. Der Hühnerstall sollte regelmäßig mit Kieselgur behandelt werden. Hierbei handelt es sich um ein weißes leichtes Pulver, das aus Schalen fossiler Kieselalgen besteht. Diese sind mikroskopisch klein und sehr scharfkantig, sodass es den Parasiten die Gelenke zerreibt. Zum einfachen und gleichmäßigen Ausbringen des Pulvers bietet der Handel Pulverzerstäuber an, wie der Bobby 0.5 von Birchmeier. Wichtig ist auch, dass im Stall alle Ritzen und Spalten mit Silikon abgedichtet werden, da sich sonst in den Zwischenräumen Milben ansiedeln. Auch Stroh hat im Hühnerstall nichts zu suchen, da sich die Milben in den hohlen Halmen einnisten würden. Die Einstreu in den Legeboxen sollte mit Kieselgur vermengt werden. Die Auflagen der Sitzstangen und die Unterseite sollte man mit anhaftendem Kieselgur (z. B. AniForte Milben Stop

Kieselgur gegen die Rote Vogelmilbe wird mit einem Zerstäuber im Stall verteilt.

Das tägliche Staubbad gehört zu den Grundbedürfnissen und wird ausgiebig praktiziert.

Puder) einsprühen. Ganz nach dem Motto „nicht kleckern, sondern klotzen“, sollten Sie bei der Anwendung von Kieselgur nicht sparsam sein. Besonders an den Auflagen häufelt man Kieselgur am besten regelrecht an, um den Milben den Weg zu den Hühnern zu versperren. Benutzen Sie beim Ausbringen der genannten Mittel immer eine Atemschutzmaske und eine Schutzbrille, damit das feine Pulver nicht in die Atemwege beziehungsweise in die Augen gerät.

Maßnahmen bei Befall Wenn es trotz aller Vorsichtsmaßnahmen zum Befall gekommen ist, ist Eile geboten. Alle Hühner müssen erst einmal den Stall verlassen und in eine Notunterkunft umziehen, bis dieser wieder milbenfrei ist. Der Eglu Cube Hühnerstall ist aus Kunststoff und lässt sich leicht und schnell zerlegen, um ihn dann gründlich mit einem Hochdruckreiniger oder mit einem strammen Strahl aus dem Gartenschlauch zu reinigen. Schwieriger wird es da schon mit einem Holzstall Marke Eigenbau. Die Milben könnten sich in sämtlichen Hohl- und Zwischenräumen unkontrolliert vermehren, zum Beispiel in einer verbauten Wärmedämmung oder in den Zwischenräumen des Profilholzes. Der Handel bietet für eine erfolgreiche Bekämpfung verschiedene Produkte an. Für welche Anwendung Sie sich auch entscheiden, ob Kieselgur, Insektizide oder Rauchbomben, es bleibt ein Kampf gegen einen unsichtbaren Feind. Wie oft habe ich schon gedacht, alle Parasiten erfolgreich bekämpft zu haben, doch sobald die Hühner wieder im Stall sind, beginnt der Spaß von vorn. Selbst als ich einen Stall mit Hochdruckreiniger, Abflammgerät und verschiedenen Pestiziden gründlich gereinigt hatte und ihn anschießend mehr als ein halbes Jahr unbenutzt, also gänzlich ohne Hühner gelassen hatte, waren die Milben sofort nach dem Einzug der Hühner wieder da. Seit 2017 ist in Deutschland die Verabreichung von Bravecto oder Exzolt über das Trinkwasser erlaubt. Nach der Verabreichung sterben die Milben nach jeder Blutmahlzeit ab. Es gibt keine Wartezeit für den Verzehr der Eier, jedoch für essbares Gewebe beträgt die Wartezeit 14 Tage. Diese Mittel sind recht teuer, sodass ich über keine eigenen Erfahrungen verfüge.

Federlinge

Im Gegensatz zur Roten Vogelmilbe leben Federlinge nicht im Stall, sondern am Wirt. Meistens sind nur einzelne Tiere betroffen, da Federlinge streng wirtsspezifisch sind und somit nicht auf andere Wirte wandern. Man erkennt einen Befall daran, dass das Federkleid strubbelig und wie gerupft aussieht. Das liegt daran, dass Federlinge sich von dem Federmaterial ernähren, außerdem hat das Huhn aufgrund des Juckreizes einen übertriebenen Putztrieb. Federlinge sind samt ihrer Eier und Nissen mit bloßem Auge gut zu erkennen. Streicht man das Federkleid gegen den Strich auseinander, sieht man die Parasiten auf der Haut herumkrabbeln.

Vorbeugung Auch hier hilft Cumbasil® Mite im Staubbad.

Behandlung Bei einem Befall ist die Behandlung recht einfach. Die mehrmalige Behandlung des betroffenen Huhns mit Kieselgur ist recht Erfolg versprechend. Auch Kokos- und Nehmöl oder natürliche Antiparasitika wie HS Spot on Bird oder MiLB & Weg, beides mit rein biologische Inhaltsstoffen, können angewendet werden.

Hühnerflöhe

Hühnerflöhe leben im Stall und am Wirt. Entsprechend müssen bei einem Befall der Stall und alle Plätze außerhalb des Stalls, wie Voliere oder Auslauf, gründlich gereinigt und anschließend mit Kieselgur behandelt

Um ein Huhn gegen Ektoparasiten zu behandeln, hält man es einfach kopfüber.

1

2

1 Bei der Mauser fallen alte Federn aus und werden erneuert.

2 Geschützt in den Hülsen wachsen die neuen Federn nach.

werden. Auch den Wirt, also alle Hühner, muss man, wie bereits beim Befall mit Federlingen beschrieben, mehrmals behandeln.

Kalkbeine

Hat ein Huhn sogenannte Kalkbeine, ist es mit Milben befallen, die sich in den Schuppen der Ständer und Füße der Hühner einnisten. Die Ständer und Füße sehen dann weißlich verkrustet aus, daher der Name Kalkbeine. Bei starkem Befall klaffen die Schuppen auseinander oder fallen sogar ab. Eine mehrmalige Behandlung mit Ballistol®-Spray oder HS Spot on Bird hat sich bewährt.

BALLENGESCHWÜRE

Ursache Ein Grund für Ballengeschwüre an der Unterseite der Läufe ist in der Regel die Verwendung ungeeigneter Sitzstangen. Durch den immer wiederkehrenden Druck bilden sich mit der Zeit Druckstellen, Schwielen und Hühneraugen. Wenn diese sich dann entzünden, spricht man von Geschwüren.

Behandlung Da das äußerst schmerzhaft für die Tiere ist, sollte das Ballengeschwür umgehend behandelt werden. Ich verwende in solchen Fällen Vetramil, dabei handelt es sich um eine Salbe auf der Basis von Honig und ätherischen Ölen. Bei Hühneraugen verwende ich zusätzlich Wasserstoffperoxid, dieses wirkt antiseptisch und antibakteriell gegen Krankheitskeime. Geben Sie einige Tropfen auf den dunklen Punkt im Zentrum des Hühnerauges und lassen es einige Zeit einwirken, was am Aufschäumen zu erkennen ist. Natürlich müssen die Sitzstangen gegen geeignete Sitzstangen ausgetauscht werden.

MAUSER

Natürlich gehört die Mauser nicht zu den Hühnerkrankheiten, sondern ist ein ganz normales Stadium bei der Erneuerung des abgenutzten Federkleides. Über das Hormonsystem gesteuert verlieren die Hühner nach dem Prinzip Milchzahn einen Teil (Teilmauser) oder alle ihre Federn (Vollmauser). Bei manchen Hühnern fallen fast alle Federn auf einmal aus, bei anderen nach und nach, beides ist normal. Anschließend wachsen neue Federn nach. Dabei schützen kleine Häutchen in Hülsenform die feinen empfindlichen neuen Federn während des Wachstums und fallen danach ab. Diese findet man dann im Stall als hellen Staub wieder, der ein sicheres Zeichen dafür ist, dass die Mauser bald überstanden sein wird. Die erste Vollmauser findet im Alter von einem Jahr das erste Mal statt, wiederholt sich dann immer im Herbst und dauert in der Regel 4–6 Wochen. So ist gewährleistet, dass die Hühner mit einem warmen und kuscheligen Federkleid in den Winter gehen. Auch akuter Wassermangel kann eine plötzliche Mauser auslösen.
Übrigens, während der Mauser legen die Hühner weniger oder sogar keine Eier, da sie die Energie für die Mauser benötigen. Während dieser Zeit ist eine vitaminreiche und mineralhaltige Fütterung wichtig. Dieses erreichen Sie durch die tägliche Gabe von Grünfutter und die Zugabe von Ergänzungsfutter wie z. B. „Rasse Mineral für Rassegeflügel" oder Hennengold, beides von Röhnfried. Zusätzlich kann eine Mauserhilfe über das Trinkwasser verabreicht werden.

VERLETZUNGEN

Die Gründe für Verletzungen können vielfältig sein. Um Verletzungen grundsätzlich vorzubeugen, sollten Sie darauf achten, dass es im gesamten Umfeld der Hühner keine spitzen oder scharfkantigen Gegenstände gibt. Offene Wunden sind meist ein Hinweis auf Kannibalismus (siehe Kapitel Verhaltensstörungen vorbeugen, Seite 92 f.) oder wurden durch Fressfeinde hervorgerufen (siehe auch Kapitel Fressfeinde, Seite 96 f.). Kleine Wunden können mit einer Wundsalbe behandelt werden, Hühner mit größeren Wunden sollten einem Tierarzt vorgestellt werden. Sollte ein Huhn humpeln, hat es sich entweder beim Scharren an einer Glasscherbe verletzt oder hat ein Ballengeschwür, was wiederum auf die Verwendung falscher Sitzstangen zurückzuführen ist (siehe auch Kapitel Ballengeschwüre Seite 90).

PLÖTZLICH TOT

Abschließend möchte ich nicht verschweigen, dass es bei aller Vorsorge auch ohne erkennbare Vorzeichen vorkommen kann, dass ein Huhn plötzlich verstirbt. Sie kommen morgens in den Stall und ein Huhn liegt tot unter der Sitzstange. Die Gründe dafür können vielfältig sein, vielleicht hat die Züchtung gar keine höhere Lebenserwartung oder das Huhn hat eine Maus gefressen, die wiederum Rattengift aufgenommen hatte. Das ist zwar sehr traurig, doch die Sterblichkeitsrate bei Hühnern ist viel höher als bei anderen Haustieren wie Hund oder Katze. Ich erwähne das nur, damit Sie und Ihre Familie sich auf einen solchen Fall vorbereiten können. Wer Tiere hält, sollte sich auch mit dem Tod des tierischen Familienmitglieds auseinandersetzen. Beerdigen Sie das verstorbene Tier im Garten, damit sich alle in Ruhe verabschieden können. Ganz wichtig ist, dass das Fleisch eines verendeten Huhns auf keinen Fall verzehrt werden darf!

Verhaltensstörungen vorbeugen

Immer dann, wenn die Hühner ihren Grundbedürfnissen nicht nachkommen können, reagieren sie mit Verhaltensauffälligkeiten wie Federfressen und Kannibalismus.

Auch die Haltungsbedingungen und eine falsche Fütterung können dazu führen. Meist führt Federfressen zu Kannibalismus. Die Hühner picken sich gegenseitig die Federn und Körperteile an. Die dabei herausgezupften Federn werden gefressen. Wenn eine blutige Wunde entsteht, wird die Aufmerksamkeit der Artgenossen geweckt. Die rote Farbe des Blutes animiert sie dazu, immer weiterzupicken. Manche Hühner dulden die Attacken ihrer Artgenossen ohne Gegenwehr. Da die Attacken bis zum Tod führen können, sollten verletzte Tiere bis zur Heilung getrennt gehalten werden. In jedem Fall ist nun der Halter gefordert, folgende Bedingungen zu prüfen und gegebenenfalls zu verändern.

- Überprüfen Sie die Wahl des Futtermittels (siehe Kapitel Fütterung Seite 57 ff.)
- Erhöhen Sie das tierische Eiweiß im Futter. (Insekten, und Mehl- und Regenwürmer).
- Ist die Ammoniakbelastung zu hoch? (öfter das Kotbrett reinigen)
- Ist ausreichend Stall- und Auslauffläche vorhanden?
- Sind ausreichend viele Legenester vorhanden?
- Sind genügend Sitzstangen vorhanden, damit jedes Huhn einen Schlafplatz findet?
- Gibt es Strukturen im Auslauf, wie Unterstände und Klettergerüste?
- Ist ausreichend Scharrfläche vorhanden? Scharren und Picken zählt zu den Grundbedürfnissen.

In einem Auslauf mit vielen Abwechslungen fühlen sich Hühner am wohlsten.

FÜR ABWECHSLUNG SORGEN

Kommt es bei der Futteraufnahme zu Streitigkeiten, sollte man mehrere Futterplätze anbieten, um Futterneid zu vermeiden. Auch Langeweile kann zu Verhaltensstörungen führen. Ermöglichen Sie deshalb den Hühnern ein so abwechslungsreiches und interessantes Leben wie nur möglich. Verändern Sie immer wieder das Umfeld der Hühner. Schaffen Sie im Stall und im Auslauf Strukturen wie Schaukeln, Leitern und Klettermöglichkeiten. Lockern Sie im Auslauf den Boden auf oder graben kleine Kuhlen, um das Scharrverhalten anzuregen. Ein Sandbad trägt zum Wohlbefinden bei und sollte deshalb auf keinen Fall fehlen. Geben Sie Rindenmulch, Laub oder Heu mit darin verteiltem Körnerfutter in den Auslauf. Bieten Sie Beschäftigungsfutter über eine frei hängende Futterraufe an. Halbierte Kohl- oder Salatköpfe, Kürbisse, Äpfel oder Wassermelonen einfach in den Stall werfen oder erhöht anbieten, z. B. an einem Seil aufgehängt. Wenn Sie über einen Komposthaufen im Garten verfügen, kippen Sie doch mal eine Schubkarre voller Kompost in den Hühnerauslauf, das Federvieh wird es Ihnen danken. Aber am allerliebsten erkunden die Hühner Ihren Garten, prüfen Sie jedoch vorher, ob die Umzäunung auch ausbruchsicher ist. Den Weg zurück in den Hühnerstall finden die Hühner von allein, spätestens zur Dämmerung sind alle Hühner wieder im Stall.

SCHWUNGFEDERN STUTZEN

Unter Umständen kann es besonders bei leichten Rassen notwendig sein, die Schwungfedern zu beschneiden, um das Überfliegen des Zaunes zu verhindern. Beobachten Sie vorher genau, wie der Ausbruch verläuft, denn manche Hühner nutzen beispielsweise das Stalldach als Abflugrampe. Hier hilft es eventuell, einen mobilen Stall so zu versetzen, dass ein größerer Abstand zwischen Stall und Zaun entsteht. Das Beschneiden der Schwungfedern sollte immer der letzte Ausweg sein, um einen Ausbruch zu verhindern.

SCHRITT 1

Nehmen Sie das Huhn, wie in der Übung „Hühner richtig greifen" Seite 82 beschrieben wurde. Am einfachsten ist das Stutzen der Flugfedern im Sitzen. Setzen Sie das Huhn auf Ihren Schoß und fixieren Sie es etwas seitlich zwischen den Beinen.

TIPP

Keine Angst, das Beschneiden der Federn verursacht bei den Hühnern überhaupt keine Schmerzen. Es entspricht dem Nägel- oder Haareschneiden beim Menschen. Sie benötigen dafür lediglich eine scharfe Küchen- oder Haushaltsschere. Es kann durchaus hilfreich sein, wenn Ihnen beim ersten Mal eine zweite Person zur Seite steht, um das Huhn zu fixieren.

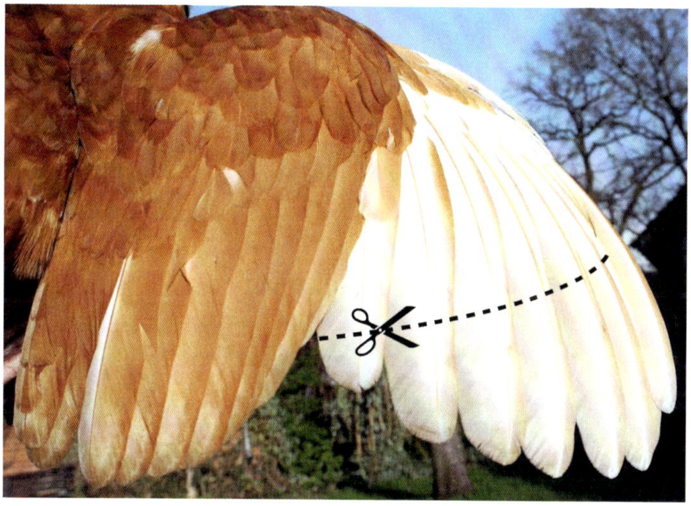

SCHRITT 2

Spreizen Sie den äußeren Flügel vorsichtig vom Körper ab. Nun schauen Sie sich die verschiedenen Federbereiche des Flügels genau an und vergleichen den Schnittverlauf mit der Abbildung. Es werden nur die Schwungfedern, also die auf dem Bild hellen Federn beschnitten, die Deckfedern nicht.

SCHRITT 3

Schneiden Sie jetzt mit der Schere entlang des geplanten Schnittverlaufs die Schwungfedern ab. Fixieren Sie nun das Huhn auf der anderen Körperseite und wiederholen Sie den Vorgang mit dem anderen Flügel auf gleiche Weise.

TIPP

Die äußeren sogenannten Fingerfedern sollten nicht mit beschnitten werden, um den Hühnern das Anlegen der Flügel zu erleichtern. Nach einer Mauser sollten Sie kontrollieren, ob die Flugfedern neu nachgewachsen sind und diese gegebenenfalls nachschneiden. Die ageschnittenen Federkiele sind oft scharfkantig und können beim Flügelschlagen an Armen und Händen zu Verletzungen führen.

Fressfeinde

Dass die Hühner bei Anbruch der Dämmerung den Hühnerstall aufsuchen, ist eine angeborene Überlebenstaktik. Denn nachts oder frühmorgens ist die Jagdzeit der nachtaktiven Fressfeinde wie Fuchs, Marder, Wiesel oder Waschbär.

1

Darum sollte die Hühnerklappe nachts ausnahmslos geschlossen und der Hühnerstall muss marder- und fuchssicher sein. Aber auch tagsüber lauern Gefahren durch Greifvögel. Der Habicht jagt naturgemäß bis Taubengröße, erwischt er ein junges Huhn oder ein Zwerghuhn, wird er seine Beute mitnehmen, um eventuelle Nachkommen damit zu füttern. Hat er selbst Appetit, schlägt er auch größere Hühner, die er sogleich vor Ort verspeist. Er beobachtet die Hühner von einem Baum aus, um seine Erfolgschancen abzuschätzen. Hat er sich dann für einen Angriff entschieden, stürzt er sich in das Gehege, um ein Huhn zu schlagen.

2

3

1 Der Zaun sollte bis in den Boden reichen oder mit einem Streifen Bodenplatten umlegt sein, um ein Untergraben zu verhindern.

2 Wenn ein Habicht in der Nähe des Hühnerauslaufs lauert, bedeutet dies meist nichts Gutes für die Hennen.

3 Der Marder hat es auf Hühner und Eier abgesehen.

VOGELNETZE

Als Abwehr haben sich Vogelnetze bewährt, die allerdings den gesamten Auslauf überspannen müssen. Ich musste selbst Verluste hinnehmen, da ich nicht damit gerechnet hatte, dass der Habicht auch durch die Zwischenräume der kreuz und quer verspannten Netze hindurch Beute macht. Auch von mir aufgehängte bunte Bänder oder glitzernde Aluminiumabschnitte konnten den Habicht leider nicht fernhalten. Ein großer, stattlicher und wehrhafter Hahn wirkt da schon eher abschreckend. Der Handel bietet sogenannte Vogelschreck-Drachen mit einer vier Meter hohen Teleskopstange an, die als Greifvogelabwehr eingesetzt werden können. Greifvögel akzeptieren das Territorium der vermeintlichen Artgenossen und meiden diesen Bereich. Bei einem großen Hühnerauslauf ist der Einsatz eines zweiten Vogelschreck Drachens sinnvoll. Küken, Jungtiere und Zwerghühner sind eine beliebte Beute für Raub- und Rabenvögel und müssen darum besonders geschützt werden. Hier ist der Einsatz von Vogelnetzen über das gesamte Gehege erforderlich. Übrigens, nach einer Feindattacke sind die Hühner meistens über einen längeren Zeitraum traumatisiert, die Legeleistung wird nachlassen oder sogar für einige Zeit ganz ausbleiben.

Hühner und Haustiere

Am besten hält man jede Art für sich. Doch Begegnungen zwischen Huhn, Hund, Katze oder Pferd gehen in der Regel gut, wenn man die Tiere aneinander gewöhnt.

KLEINTIERE

Grundsätzlich sollten Hühner nicht mit anderen Haustieren wie Kaninchen, Meerschweinchen, Hamster & Co. zusammen gehalten werden. Zum einen wäre die jeweils artgerechte Haltung und Fütterung nicht gewährleistet und zum anderen besteht Verletzungsgefahr durch das neugierige Picken der Hühner.

KATZEN

Katzen sind für normal große Hühner keine Gefahr, denn die Hennen sind als Beute zu groß. Katzen beobachten die Hühner gern, manchmal sogar stundenlang, mehr aber auch nicht. Nach einer Eingewöhnungsphase beachten sie sich meistens gar nicht mehr. Allerdings sind Küken, Jungtiere und Zwerghühner eine beliebte Beute für Katzen und müssen darum besonders geschützt werden.

HUNDE

Natürlich können Hunde eine Gefahr für Hühner darstellen, besonders wenn Sie einen Hund mit ausgeprägtem Jagdinstinkt haben. Ein Zaun bildet einen gewissen Schutz, könnte jedoch von einem großen Hund übersprungen werden. Testen Sie also bitte vorsichtig, wie Ihr Hund auf Lebendgeflügel reagiert. In der Regel verliert der Hund schnell das Interesse, ansonsten muss das Gehege mit einem festen, hohen Zaun umgeben sein.
Es ist sinnvoll, ihn an die Hühner zu gewöhnen. Ziehen Sie gegebenenfalls einen Hundetrainer zu Rate.

Lassen Sie Huhn und Hund besser nicht unbeaufsichtigt zusammen.

Nach einer Eingewöhnungsphase interessieren sich Huhn und Katze nicht mehr füreinander.

HUND AN HÜHNER GEWÖHNEN

Wenn Ihr Hund noch keinen Kontakt zu Lebendgeflügel hatte, kann es sein, dass er mit Bellen reagiert und versucht, die Hühner zu jagen. Oft kann man einen Hund Schritt für Schritt an die Hühner gewöhnen, sodass er das Interesse verliert. Bei einem ausgeprägten Jagdinstinkt hilft nur eine sichere Umzäunung. Gehen Sie folgendermaßen vor:

SCHRITT 1

Leinen Sie den Hund so vor dem Gehege mit den Hühnern an, dass er den Zaun nicht erreichen kann. Zuerst wird er bellen und versuchen, zu den Hühnern zu gelangen, jedoch wird sein Interesse mit der Zeit nachlassen.

SCHRITT 2

Jetzt leinen Sie ihn so an, dass er an den Zaun kann. Er wird zuerst an den Zaun springen, wenn ihm ein Huhn zu nahe kommt, aber wieder wird mit der Zeit das Interesse nachlassen.

SCHRITT 3

Nehmen Sie ab jetzt Ihren Hund mit auf dem täglichen Gang in den Stall oder zum Gehege. Erst wenn er ruhig und gelassen bleibt, darf er schon mal in der offenen Stalltür stehen, um die Hühner zu beobachten. Lassen Sie ihn vorerst noch angeleint.

SCHRITT 4

Inzwischen haben sich auch die Hühner an den Hund gewöhnt und die Angst vor ihm schon fast verloren. Irgendwann wird der erste Kontakt unter Ihrer Aufsicht friedlich stattfinden.

Ich habe das so mit unserem Irish Terrier gemacht, und heute kann ich unseren Hund ohne Probleme mit in den Stall oder in den Auslauf nehmen. Die Hühner sind sehr neugierig und picken an seinem Fell, und er schnüffelt an den Hühnern herum. Selbst wenn ein Huhn aufflattert oder plötzlich losrennt, reagiert unser Hund nicht darauf. Unbeaufsichtigt würde ich die Tiere allerdings niemals zusammenlassen.

Hühner und Kinder

Kinder lieben die Natur, und Tiere sind ein Teil davon. Tiere tragen unter anderem zur sozialpsychologischen Entwicklung Ihres Kindes bei und vermitteln Geborgenheit.

Kinder empfinden eine große Zuneigung zu Tieren und schnell wird ein Huhn zum Freund fürs Leben.

Zusätzlich stellen Hühner einen Bezug zum Nahrungsmittel Ei her und ermöglichen damit Erfahrungen, die Kinder in der heutigen Zeit oftmals nicht haben. Wie oft höre ich: „…das hast du da rein gelegt…“, wenn ein Kindergartenkind ein Ei im Legenest findet und wollen erst mit der Zeit wahrhaben, dass die Hühner die Eier legen. Um so größer ist dann die Freude und die Wertschätzung der tierischen Eierproduktion. Ihr Kind wird schnell eine Beziehung zu den Tieren aufbauen. Die Verantwortung für das Wohlergehen von Kind und Tier liegt bei den Eltern bzw. Erwachsenen. Achten Sie auf einen respektvollen, freundlichen und liebevollen Umgang mit den Tieren, insofern sollten die Kinder den Hühnern nicht hinterherlaufen, sondern auf die Signale der Tiere achten. Erklären Sie ihm, dass Hühner keine Schmusetiere sind, küssen und schnäbeln ist tabu. Bis zu etwa acht Jahren sollte Ihr Kind beim Aufenthalt im Gehege von Ihnen beaufsichtigt werden. Natürlich kann Ihr Kind unter Aufsicht an der Fütterung und Pflege der Tiere beteiligt werden, leiten Sie es dazu gut an. Bitte achten Sie auch auf die Einhaltung der hygienischen Grundregeln. Nach dem Kontakt mit den Hühnern: Hände waschen!

Aufs Huhn gekommen ...

von Anna

Aus einer fixen Idee wurde mit der Zeit ein immer konkreterer Plan. Bei uns im Garten sollen ein paar Hühner einziehen.
Ein wenig Sorgen bereiteten uns unsere drei Golden Retriever, die bis zu diesem Zeitpunkt noch nie Kontakt mit Hühnern gehabt hatten. Doch diese Sorge erwies sich als überflüssig. Bereits nach wenigen Tagen hatten sie die Hühner akzeptiert. Die Hühner sind nun sogar so frech, dass sie versuchen, den Hunden ihre Kauknochen abzuluchsen oder die schlafenden Hunde mal vorsichtig anzupicken.
Unter Aufsicht dürfen die Hühner auch in unserem Teil des Gartens frei laufen, und daher war es mir wichtig, dass ich sie jederzeit zu mir rufen kann. Meine Hunde hören auf den Doppelpfiff einer Pfeife, meine Hühner auf das Rascheln der Mehlwurmdose. Bei diesem Geräusch kommen sie aus allen Ecken angeflitzt und laufen dann mehr oder weniger brav hinter mir (und der Dose) her.
Nie hätte ich gedacht, dass Hühner so witzig sind und jedes Huhn seine eigene Persönlichkeit hat. Die kleine schwarze Resi hatte anfangs eine Lücke im Zaun gefunden, durch die auch nur sie als Zwerghuhn passte. Und so kam sie uns mehrfach am Tag besuchen und schaute frech zur Terrassentür oder durchs Küchenfenster rein. Aus Angst vor Greifvögeln oder anderen Gefahren haben wir die Lücke im Zaun geschlossen, aber wir hatten an ihren Besuchen schon immer sehr viel Freude und viel zu lachen.
Mittlerweile teilen wir uns den Garten mit sechs Hühnern (davon zwei Zwerghühner) und genießen es, sie beim Staubbaden, Sonnen oder Durchs-Gehege-Flitzen zu beobachten.

HÜHNER-VERHALTEN

Sozialverhalten

Hühner leben in einer flexiblen Hierarchie, der sogenannten Hackordnung. Dass Hähne untereinander Kämpfe ausfechten ist weithin bekannt, doch auch Hennen kämpfen gegeneinander, um die Stellung in der Gruppe zu behaupten.

Dabei wird sich gehackt und gezwickt und mit den Krallen voran angesprungen, kleinere Verletzungen sind dabei nicht ausgeschlossen. Auf der anderen Seite ist es rührend mitzuerleben, wie eine Glucke ihre Küken umsorgt oder der Hahn die Henne zur Eiablage zum Legenest begleitet. Schnell wird jedem Hühnerhalter klar, dass es das sprichwörtliche dumme Huhn gar nicht gibt.

KLEINE PERSÖNLICHKEITEN

Hühner sind intelligent und neugierig, manche mutig und draufgängerisch, andere wiederum zurückhaltend, schüchtern und vorsichtig. Jedes Huhn hat eben seine eigene Persönlichkeit. Wenn ich morgens zum Füttern auf die Weide komme, laufen mir alle Hühner entgegen, um dann am Zaun auf mich zu warten. Nur eine Henne nicht, die flattert wie selbstverständlich über den Zaun hinweg, läuft mir entgegen, um mich dann mit ruhigem Glucksen in Ruhe zum Gehege zurückzubegleiten. Eine andere Henne wartet auf einem Mauervorsprung auf mich, sobald ich den Stall betrete. Dort bekommt sie von mir ein Leckerli und ein paar Kuscheleinheiten, so viel Zeit muss sein. Und eine andere der Damen läuft mir ständig hinterher. Ich nehme sie gern auf meinen Sparziergängen durch unseren großen Garten oder auch bis zu unserem Nachbarn mit, sie weicht mir dabei nie von der Seite. Ganz besonders rührend sind immer wieder Situationen, wenn ich mit meinen Miethühnern in einer Einrichtung für benachteiligte Kinder bin. Die Hühner spüren sofort, dass von diesen Menschen keine Gefahr aus-

1

2

3

4

geht und verhalten sich besonders zutraulich. Es waren Kinder dabei, die im Rollstuhl saßen. Einige Hühner sprangen wie selbstverständlich auf den Schoß der Kinder, machten es sich bequem und ließen sich streicheln. Gerade in solchen Situationen weiß ich dann, dass ich alles richtig mache.

1 – 4
Hühner haben soziale Verbindungen untereinander, zu anderen Tieren aber auch zu Menschen. So manches Huhn weicht einem nicht mehr von der Seite, wenn es Vertrauen gefasst hat.

Hühnersprache

Hühner haben eine Vielzahl unterschiedlicher Laute für ihre Verständigung untereinander. Diese Laute werden nicht erlernt, sondern sind angeboren und werden bereits von den Küken beherrscht.

Der Hahn sucht sich gern erhöhte Positionen für seinen Hahnenschrei.

Nun ist das geschriebene Wort nicht das beste Medium, um eine Tiersprache zu beschreiben. Wer jedoch Hühner beobachtet und dabei genau hinhört, wird schnell die unterschiedlichen Bedeutungen der Laute erkennen.

GESPRÄCHE UNTER DAMEN

Am auffälligsten ist das laute, aufgeregte Gackern, das bei Gefahr benutzt wird. Die erfolgreiche Eiablage wird mit einem sich immer wiederholenden *bok bok bok* bekanntgegeben. Sollte das Lieblingsnest einmal besetzt sein, wird der gleiche Laut benutzt, jedoch wird am Ende ein zusätzliches, höheres und lang gezogenes *boook* angehängt. Nähert man sich einer Henne, während sie ihre Eier ausbrütet, hört man ein tiefes, lang gezogenes Knurren. Wird ein Huhn von einem Feind erwischt, wird das Huhn laut und anhaltend schreien, wohl in der Hoffnung, dass der Feind das Huhn vor lauter Schreck wieder loslässt und vor allem, um die Hilfe des Hahns und der anderen Hennen anzufordern. Manchmal schreit ein Huhn auch beim Greifen durch den Halter. Wenn Hennen sich untereinander hacken, ertönt ein kurzer Aufschrei, wenn sie einen Hühnerschnupfen haben, kann man sie deutlich

1

niesen hören. Wenn Hühner sich andererseits wohl und sicher fühlen, wird das Tageswerk von einem Lautgemisch aus Gurren, Glucksen und Schnurren begleitet. Manchmal, wenn ich spät am Abend in den Hühnerstall komme, hört es sich an, als würden meine Hühner singen, ein leises, zartes und helles Vibrieren, zuerst von einer Henne und dann stimmen nach und nach weitere mit ein.

WAS DER HAHN ZU SAGEN HAT

Der Hahn hat seine eigenen Laute, so z. B. der Lockruf *tuk tuk tuk*, den er benutzt, um seine Hennen zum Futter zu locken. An einem sonnigen Sonntagnachmittag waren ein paar Freunde zu Besuch. Wir standen am Zaun auf der Weide, um die Hühner zu beobachten, als der Hahn ein lautes tiefes Knurren *koorrrrr* ertönen ließ. Alle Hühner hielten inne, stellten sich gerade auf und schauten allesamt nach oben in den Himmel. Wir taten es den Hühnern gleich, schauten auch zum Himmel und siehe da, wir sahen vier Wildgänse im Formationsflug über uns hinwegfliegen. Aha, das war also der Warnruf für „Feind von oben".

Der Hahnenschrei

Zu guter Letzt noch der wohl bekannteste Hühnerlaut, der Hahnenschrei: ein lautes und lang gezogenes

2

3

Ki-keri-kiiiiiiiii. Mit dem Hahnenschrei zeigt der Hahn sein Territorium an, die Hennen sind eher weniger davon beeindruckt. Jeder Hahn klingt dabei unterschiedlich in Tonlage und Lautstärke. So haben Zwerghähne eine höhere Tonlage als Hähne großer Rassen. Es gibt sogar Kräh-Wettbewerbe, dabei sind die ausdauernden Hähne die Gewinner. Sieger schaffen da schon mal über 150 Schreie pro Stunde. Beobachten Sie doch einmal Ihren Hahn bei Minusgraden, wenn er kräht. Es sieht recht imposant aus, wenn sein Atem dabei in der kalten Luft kondensiert, als Hauch sichtbar wird und damit den Hahnenschrei unterstreicht.

Hähne krähen zu allen Tageszeiten, beginnend mit Anbruch des Tageslichts, im Sommer schon um vier Uhr morgens, mittags, abends und gerne auch mal zwischendurch. Wenn ein anderer Hahn in Hörweite wohnt, können sich die Hähne gegenseitig animieren. Kurz gesagt, wer sich einen Hahn halten will, muss sich über die Lärmbelästigung im Klaren sein und unbedingt vor der Anschaffung Rücksprache mit seinen Nachbarn halten. Dabei ist die Akzeptanz in ländlichen Bereichen sicherlich höher als in der Stadt. Auch wenn Ihnen ein Hahn, der vermeintlich wenig kräht, angeboten wird, stellt sich hinterher meistens das Gegenteil heraus.

1 Die Laute der Hühner haben unterschiedliche Bedeutungen.

2 Mit einem lautem Ki-keri-kiiiiiiiii wird der Tag eingeleitet.

3 Chicken-Talk Hühner verständigen sich untereinander.

Eiablage

Die Hennen suchen für ihre Eiablage gern ruhige, dunkle und versteckte Orte auf. Manche Hennen sind bei der Eiablage gern allein, andere wiederum bevorzugen die Gesellschaft anderer Hennen oder lassen sich vom Hahn zur Eiablage begleiten.

1

Aus diesem Grund habe ich sowohl Einzelnester als auch Gruppennester bereitgestellt. Die Eier können aus der Legebox von außen entnommen werden, so muss man nicht extra den Stall betreten. In dem Gruppennest sitzen meist mehrere Hennen und warten geduldig, bis der beliebte Platz für die Eiablage frei wird. Vor den Einzelnestern warten oft Hennen darauf, dass das Lieblingsnest frei wird und geben das mit lautstarkem Gegacker bekannt. Manchmal sind die Eier auf die Einzelnester gut verteilt, ein anderes Mal finde ich bis zu 20 Eier in einem einzigen Nest, jede Henne nach ihrem Gusto. Die Eiablage ist ein wahrer Kraftakt für die Henne. Wenn man bedenkt, dass in der Natur die Eiablage nur zweimal im Jahr vorkommt und zwar mit jeweils 7–8 Eiern, und das dann mit der Legeleistung von einer Hybridhenne mit über 300 Eiern jährlich vergleicht, wird schnell klar, dass unsere Legehennen wahre Hochleistungssportler sind. Manche Hennen benötigen für die Eiablage nur zehn Minuten, andere mehrere Stunden. Dabei sitzt die Henne ruhig auf dem Nest, es sei denn eine andere Henne will ihr den Platz streitig machen. In dem Moment der Eiablage richtet sich die Henne pinguinartig auf. Anschließend bleibt sie noch einige Zeit auf dem Nest sitzen, um sich von der Anstrengung zu erholen. Nach verlassen der Legebox wird der Erfolg durch lautstarkes Gegacker bekanntgegeben.

1 Für die Eiablage darf es gerne ein ruhiger und dunkler Ort sein.

2 Gerne wird ein Nest von mehreren Hennen genutzt.

2

Siesta (Körperpflege, Staub- und Sonnenbad)

Ein Hühnertag beginnt frühmorgens mit der Morgendämmerung, denn die Tiere leben nach dem Tageslicht und nicht wie wir Menschen nach der Uhrzeit.

Vormittags findet die Eiablage statt und in der Mittagszeit ziehen sich die Hühner gern zurück. Dann versammeln sie sich an einem ruhigen Ort, um Mittagsruhe zu halten, nehmen gemeinsam ein ausführliches Sand- oder Sonnenbad oder pflegen ausgiebig ihr Federkleid. Jetzt sollten die Tiere nicht gestört werden, da sich während dieser Zeit die Schale der Eier bildet. Die ausgiebige Gefiederpflege findet mehrmals täglich statt, schließlich muss das Federkleid bis zur nächsten Mauser halten. Hühner lieben es, in der Sonne zu liegen, beim Sonnenbad spreizen sie die Ständer

1

2

1 Bei schönem Wetter genießen Hühner ihr ausgiebiges Sonnenbad.

2 Mittags verbringen die Hühner ihre Siesta gerne in Gesellschaft.

von sich und fächern die Flügel auf, dabei wird die sogenannte Nickhaut oder auch drittes Augenlid als Schutz vor dem hellen Sonnenlicht geschlossen. Das Auge sieht dann matt und trüb aus. Ich bekomme des Öfteren gerade in der Mittagszeit Anrufe von aufgeregten Hühnermietern: „Herr Usbeck, ein Huhn ist tot, es liegt hier und hat ganz trübe Augen." Ich: „Na, dann stupsen Sie es doch mal an." Mieter: „Huch, jetzt lebt es wieder!"

BADEZEIT

Wichtig ist auch, dass die Hühner einen ständigen Zugang zu einem Staubbad haben. Denn Hühner baden nicht im Wasser, sondern reinigen ihr

TIPP

Halten Sie das Staubbad immer trocken und lockern Sie es hin und wieder auf. Entnehmen Sie bei der Gelegenheit auch gleich Verunreinigungen wie Kot oder Laub. Stellen Sie eine Kunststoffwanne mit Cumbasil® Mite einfach unter eine Überdachung oder in den Hühnerstall. Es kann ein wenig dauern, bis Ihre Hühner das Staubbad mit Cumbasil® Mite annehmen, aber dann werden sie es lieben.

1

1 Ausgestattet mit einer hervorragenden Nahsicht erkennen Hühner auch die winzigsten Leckerbissen wie z. B. Schneckeneier.

2 Die absolute Lieblingsbeschäftigung der Hühner ist das Scharren und Picken.

Gefieder im Staub. Sie werfen den Staub mithilfe der Flügel ausgiebig über ihren Körper, um sich anschließend zu schütteln. Der Staub fliegt dann mitsamt der Parasiten aus dem Federkleid. Anfangs habe ich als Staubbad ein Gemisch aus Sand, Kieselgur und Holzasche verwendet. Inzwischen bin ich jedoch auf „Cumbasil® Mite" von Witteler umgestiegen und habe damit durchweg gute Erfahrungen gemacht. Milben und andere Parasiten, die am Wirt leben, gehören der Vergangenheit an. Cumbasil® Mite ist ein Mineralpulver, das aus reinem, trockenem Naturgestein gewonnen wird. Es handelt sich also um ein Naturprodukt, das ganz ohne Chemie und Gifte auskommt, und ist dabei für Huhn und Mensch unbedenklich. Jedoch für Ektoparasiten wirkt es tödlich, da es die Gelenke jeglicher Ektoparasiten zerreibt. Wenn sich die Hühner nach dem Bad schütteln, verteilt sich eine Staubwolke aus Cumbasil® Mite auf diesem Weg in der gesamten Umgebung und schützt so überall vor Ektoparasiten.

SCHARREN UND PICKEN

Wenn man Hühner genau beobachtet, sieht man, dass sie zwischen der Nachtruhe, der Eiablage und der Siesta immer irgendetwas zu tun haben. Da wird sich geputzt, gestritten, die Umgebung erkundet und Insekten hinterher gejagt. Ihre absolute Lieblingsbeschäftigung ist das Scharren und Picken. Dabei wird zuerst mit beiden Füßen abwechselnd rechts und links der Untergrund freigescharrt, dann gehen sie ein Schritt rückwärts, um anschließend genau zu schauen, was da Leckeres freigelegt wurde. Alles Fressbare wird sofort aufgepickt. Diesem Beschäftigungsdrang muss das Huhn nachkommen können. Nimmt man ihm dieses Grundbedürfnis, sind Verhaltensstörungen vorprogrammiert. Bieten Sie darum Ihren Hühnern ausreichende Scharrfläche, ob im Stall, im Gehege oder im Auslauf. Sie können das Scharrverhalten sogar unterstützen, indem Sie hin und wieder etwas Körnerfutter in die saubere Einstreu werfen.

2

Nachtruhe

Hühner leben nicht wie wir Menschen nach der Zeit, sondern richten ihren Tagesablauf nach dem Tageslicht. Die Zeiten für die Nachtruhe variieren während der unterschiedlichen Jahreszeiten entsprechend dem Sonnenauf- bzw. Sonnenuntergang.

MIT DEN HÜHNERN INS BETT

Während der Dämmerung suchen die Hühner von ganz allein den Stall auf. Hierbei handelt es sich um einen angeborenen Überlebensinstinkt. In der Natur würden sie auf die unteren Äste von Bäumen springen, um dort geschützt vor ihren Fressfeinden die Nacht zu verbringen. Dieses Verhalten nennt man „aufbaumen". Im Hühnerstall übernehmen die Sitzstangen die Funktion der Äste. Wenn neue Hühner einziehen, kann es besonders bei Junghennen vorkommen, dass das ein oder andere Tier sich irgendwo im Gehege einen Übernachtungsplatz sucht. In diesem Fall können diese Hühner leicht gegriffen werden, da Hühner nachtblind sind, um sie von Hand in den Stall zu setzen. Nach wenigen Tagen werden diese Hühner mit dem Rest der Gruppe von sich aus in den Stall gehen. Wenn dann über Nacht die Hühnerklappe verschlossen wird, ob von Hand oder automatisch, können die Hühner und der Hühnerhalter entspannt schlafen. Des Nachts sitzen die Hühner dicht gedrängt, ruhig und friedlich beieinander, jetzt spielt auch die sogenannte Hackordnung keine Rolle mehr. Diese Situation kann man hervorragend dazu ausnutzen, um neue Hühner in die Gruppe einzuführen. Man setzt die

Neuzugänge spät abends ganz leise und vorsichtig zu den anderen Hühnern auf die Sitzstange.

DAS ENDE DER NACHT

Die Nachtruhe endet mit dem Sonnenaufgang. Befindet sich ein Hahn in der Gruppe, wird dieser bereits bei den ersten zarten Lichtstrahlen den neuen Tag mit lautem und ausgiebigen Krähen ankündigen.
Im Sommer fallen die Schlafzeiten der Hühner kürzer aus als im Winter. Bedingt durch die kürzeren Wachzeiten lässt auch die Legeleistung im Winter ein wenig nach. Manche Hühnerhalter verlängern die Wachzeiten durch künstliches, zeitgesteuertes Licht im Hühnerstall. Im Winter müssen die Tiere mehr Energie für die Erzeugung der Körperwärme aufbringen. Der höhere Energiebedarf wird durch die geringere Legeleistung ausgeglichen. Ich bin der Meinung, dass sich die Hühner diese Verschnaufpause bei der Eiablage redlich verdient haben und sehe von solchen Maßnahmen ab.

Die Nachtruhe verbringen die Hühner gerne auf einer Sitzstange, dabei kuscheln sie sich eng aneinander. Im Winter verlieren sie so weniger Körperwärme.

SERVICE

Zum Weiterlesen

Hackstein, Pehle, Thobias und Yara: **Kleines Hühner-Lexikon.** Dörfler 2008

Höck, Robert: **Happy Huhn.** Cadmos 2021

Höck, Robert: **Happy Hühnergarten.** Cadmos 2019

Husson, Hervé: **Ideenbuch Hühnerställe.** 12 Modelle Schritt für Schritt selbstgebaut. Ulmer 2019

Krause, Anja und Wilhelm Bauer: **Garten sucht Hühner.** Die besten Rassen für kleine Gärten. Ulmer 2018

Peitz, Beate und Leopold und Wilhelm Bauer: **Hühner in meinem Garten.** Ulmer 2019

Schiffer, Katrin und Carola Hotze: **Hühner halten – artgerecht und natürlich.** Kosmos 2017

Schmidt, Horst und Rudi Proll: **Taschenatlas Hühner und Zwerghühner.** Ulmer 2018

Casteel, Eva-Maria: **Hühner.** So geht es deinen Tieren gut. Kosmos 2024

Woernle, Hellmut und Silvia Jodas: **Geflügel gesund erhalten.** Krankheiten vorbeugen, erkennen und behandeln. Ulmer 2020

Nützliche Adressen

Brudertier Initiative Deutschland e. V.
Bosteler Feld 19
D-21218 Seevetal
info@brudertier.bio
www.brudertier.bio
Initiative gegen das Töten der Brudertiere von Legehennen

Beratung Artgerechte Tierhaltung e. V.
(BAT), Postfach 11 31
D-37201 Witzenhausen
Tel.: 0 55 42 – 7 25 58
www.bat-witzenhausen.de

Gesellschaft zur Erhaltung alter und gefährdeter Haustierrassen e. V. (GEH)
Walburger Str. 2
D-37213 Witzenhausen
Tel.: 0 55 42 – 18 64
www.g-e-h.de

Bund Deutscher Rassegeflügelzüchter e. V.
Dorfplatz 2
D-01920 Haselbachtal OT Reichenbach
Tel.: 0 69 – 87 87 67 54
www.bdrg.de

Informationen und Ställe zur mobilen Hühnerhaltung für kleine Herden:
HühnerHausMobil
Teuto InServ gGmbH
Almestraße 2
D-33649 Bielefeld
Tel.: 05 21 – 32 92 73 72
www.huehnerhaus-mobil.de

Informationen und Ställe zur mobilen Hühnerhaltung für große Herden:
Stallbau Weiland GmbH & Co. KG.
Hilberlachestraße 8
D-37242 Bad Sooden-Allendorf
info@huehnermobil.de
www.huehnermobil.de

Nützliche Links

www.huehner-info.de
Hier gibt es wirklich alles. Tipps zur Haltung, Anzeigen von Firmen, die Zubehör liefern, ein riesiges Forum und vieles mehr. Züchter bieten Bruteier, Küken und ausgewachsene Tiere an.

www.vhgw.de
Verband der Hühner-, Groß- und Wassergeflügelzüchtervereine zur Erhaltung der Arten- und Rassenvielfalt e. V. Hier findet man auch einen regionalen Verband in der näheren Umgebung.

www.mieteeinhuhn.de
Auf der Seite des Autors finden Sie viele nützliche Tipps und können probeweise Hühner mieten.

www.bdrg.de
Bund Deutscher Rassegeflügelzüchter e. V. Hilft bei der Suche nach einem Verein in der näheren Umgebung oder Züchtern von speziellen Rassen.

www.rettet-das-huhn.de
Hier bekommt man ausgediente Legehennen und kann ihnen einen schönen Lebensabend bieten.

Zubehör
www.birchmeier.com/de/content/produkte/bobby-0.5/index.php
Hier findet man gute Zerstäuber zum Ausbringen von Kieselgur.

www.witteler.com/tierwohl/cumbasil-mite/
Bezugsquelle für Mineralpulver gegen Milben.

https://www.kanne-brottrunk.de/de/produkte/fuer-die-landwirtschaft/fuer-gefluegel/
Fermentgetreide und Brottrunk als Nahrungsergänzung, nicht nur für Hühner.

www.axt-electronic.org/eu_shop/de/
Hersteller und Vertreiber einer automatischen Hühnerklappe.

www.omlet.de/shop/hühnerzucht/hühnerstall_eglu_cube
Hersteller und Vertreiber des mobilen Eglu Cube-Hühnerstalls.

Widmung und Dank

Ich widme dieses Buch meinem verstorbenen Nachbarn Hermann True, einem väterlichen Freund und vor allem einem erfahrenen Landwirt, der mir immer mit Rat und Tat zur Seite stand und mich als erster ermutigte, meine Erfahrungen mit dem lieben Federvieh niederzuschreiben und als Buch zu veröffentlichen. Wie schön wäre es gewesen, wenn er miterlebt hätte, dass ich seine Anregung in die Tat umsetzen konnte. Besonderen Dank an Alice Rieger vom Kosmos Verlag für die angenehme Zusammenarbeit, ohne sie gäbe es dieses Buch überhaupt nicht. Vielen Dank auch an Anna Auerbach für die tollen Fotos, die bei schönem Wetter in unserem Garten entstanden sind. Sorry Patricia, dass du mich so oft entbehren musstest, jetzt bin ich wieder ganz für Dich da.

Register

BILDNACHWEIS

83 Farbfotos wurden von Anna Auerbach/Kosmos für dieses Buch aufgenommen.
Weitere Farbfotos von Anna Auerbach (9: S. 5, 6 39 u., 55, 75, 90 l., 94 beide, 98 o.), Anna Auerbach/privat (2: 104, 105), Oliver Giel (6: S. 64, 65, 66, 114, 115), Frank Hecker Naturfotografie (2: S. 97 beide), Carola Hotze (1: S. 25 o.), J.-L- Klein & M.-L- Hubert/juniors@wildlife (3: S. 56, 109 o.r., 112 r.), Minden/juniors@wildlife (1: S. 79 o.), Tina Müller/Kosmos (2: S. 74 o., 88), Shutterstock (© Olesia Bekh 1: S. 12 u., © Jaco von der Ende 1: S. 96, © Astrid Gast 1: S. 67), Tierfotoagentur/Sabine Schwerdtfeger (1: S. 37 u.r.), Lennart Usbeck (1: S. 20 r.), Ralf-Wigand Usbeck (20: S. 14, 20 l., 24, 37 o., 38 beide, 39 o., 40 beide, 41 beide, 42, beide, 43 u., 69, 74 u., 85 M., 85 u., 90 r., 95 u.), Rainer Weppelmann/Kosmos (1: S. 68 o.)

IMPRESSUM

Umschlaggestaltung von Konzept und Gestaltung/Claudia Eder, Pocking unter Verwendung eines Farbfotos von J.-L. Klein & M.-L. Hubert/juniors@wildlife (U1) und Trio Bildarchiv/Ines Hohenbrink (U4) sowie drei Farbfotos von Anna Auerbach/Kosmos. Klappengestaltung mit Illustrationen von Shutterstock (© Nickvector: l.o., © Cienpies Design: o. und M., ©StockSmartStart: u.l., © Anka Drozd: u.r. und © yayasya: hintere Klappe innen)

Mit 134 Farbfotos.

Gedruckt auf chlorfrei gebleichtem Papier

2. aktualisierte Ausgabe

ISBN 978-3-440-18497-4
Redaktion: Alice Rieger
Gestaltungskonzept: GRAMISCI Editorialdesign (Cornelia Sekulin), München
Gestaltung und Satz: Katrin Kleinschrot, Stuttgart
Produktion: Angela List
Druck und Bindung: Westermann Druck Zwickau GmbH, Zwickau
Printed in Germany / Imprimé en Allemagne

FSC
www.fsc.org
MIX
Papier | Fördert gute Waldnutzung
FSC® C110508